高等职业教育校企合作新形态教材

工业机器人离线编程与仿真

主 编 钟 金 刘 琦

副主编 杨家财 张海平 何金焕

参 编 郑宗琳 吴永乐 余振华

机械工业出版社

本书基于 ABB 公司的 RobotStudio 软件，通过企业中常用的应用案例，设计虚拟仿真实训台，系统介绍了工业机器人离线编程与仿真的基本方法。全书共 6 个项目，主要内容包括仿真软件的认识与安装、构建工业机器人基本仿真工作站、喷涂工作站的离线编程及仿真、写字工作站的离线编程及仿真、搬运码垛工作站的离线编程及仿真、工业机器人在线调试。本书将知识技能点融入项目中，采用项目形式展开内容，满足教、学、做一体化的教学需求。

本书图文并茂，通俗易懂，面向应用，既可作为高等职业院校工业机器人技术、电气自动化技术、机电一体化技术等专业的教学用书，也可作为相关行业工程技术人员的参考用书。

为方便教学，本书配有电子课件、动画视频（以二维码的形式嵌入）等教学资源，凡选用本书作为授课教材的教师，均可通过 QQ（2314073523）咨询。

图书在版编目（CIP）数据

工业机器人离线编程与仿真 / 钟金，刘琦主编 .
北京：机械工业出版社，2024.12. ——（高等职业教育校企合作新形态教材）. —— ISBN 978-7-111-77114-2

Ⅰ. TP242.2
中国国家版本馆 CIP 数据核字第 202411PE22 号

机械工业出版社（北京市百万庄大街 22 号　邮政编码 100037）
策划编辑：曲世海　　　　　　责任编辑：曲世海　冯睿娟
责任校对：张爱妮　牟丽英　　封面设计：马若濛
责任印制：常天培
固安县铭成印刷有限公司印刷
2025 年 1 月第 1 版第 1 次印刷
184mm × 260mm · 12.5 印张 · 293 千字
标准书号：ISBN 978-7-111-77114-2
定价：39.80 元

电话服务　　　　　　　　　网络服务
客服电话：010-88361066　机 工 官 网：www.cmpbook.com
　　　　　010-88379833　机 工 官 博：weibo.com/cmp1952
　　　　　010-68326294　金 书 网：www.golden-book.com
封底无防伪标均为盗版　机工教育服务网：www.cmpedu.com

前　言

工业机器人是集机械制造、控制技术、人工智能、电子技术、传感器技术及计算机技术等先进学科为一体的自动化设备，在汽车、电子、金属加工、冶金、物流、交通、化工、食品等各个领域都有广泛的应用，主要完成搬运、码垛、装配、喷涂、焊接等工作任务，在恶劣环境、重复劳动等工作场景中发挥了极大的优势。

随着虚拟仿真技术的不断发展与成熟，工业机器人虚拟仿真技术也日趋成熟，其可在不消耗实际生产资源的前提下，对工业产品的生产进行前期规划设计及后期运营管理，降低企业生产成本，缩短产品开发周期，提高生产效率。

本书基于ABB公司的RobotStudio软件，通过企业中常用的应用案例，设计虚拟仿真实训台，系统介绍了工业机器人离线编程与仿真的基本方法。本书在编写时考虑到课程涉及的知识点多、内容广等特点，以及学生的知识现状和学习特点，结合生产实际，开发设计虚拟仿真实训台，以简单的案例带动知识点开展学习，以点带面，注重培养学生解决实际问题的能力，同时依据工业机器人技术专业人才培养方案中对学生素质的要求，深度挖掘项目知识点和技能点所蕴含的素质教育元素，将爱国情怀、职业素养、工匠精神等与课程内容有机融合，充分发挥课堂教学主渠道作用。

本书由钟金、刘琦主编，杨家财、张海平、何金焕担任副主编，郑宗琳、吴永乐、余振华参与本书的编写。钟金负责全书的统稿工作，项目1由杨家财编写，项目2由张海平编写，项目3由刘琦编写，项目4、项目5由钟金编写，项目6由何金焕、郑宗琳、吴永乐、余振华编写。本书在编写过程中参考了大量的书籍，在此向各位相关作者表现诚挚谢意。

由于编者水平有限，书中难免有不恰当之处，敬请读者批评指正。

编　者

目　录

仿真软件的认识与安装

知识目标：

1. 了解工业机器人离线编程与仿真软件。

2. 熟悉工业机器人离线编程与仿真软件的操作界面。

能力目标：

1. 能够完成仿真软件 RobotStudio 的下载和安装。

2. 能够进行仿真软件 RobotStudio 的基础操作。

素质目标：

1. 培养学生的自主学习能力和动手实践能力。

2. 培养学生分析问题和解决问题的能力。

项目描述

本项目介绍 ABB RobotStudio 6.08 离线编程与仿真软件的下载和安装流程，并详细讲解软件界面基本功能和常用操作。

知识学习

RobotStudio 是瑞士 ABB 公司开发的软件，是机器人本体商中软件做得较好的一款。RobotStudio 支持图形化编程、编辑和调试机器人系统。

RobotStudio 包括如下功能：

1）CAD 导入：可方便地导入各种主流 CAD 格式的数据，包括 IGES、STEP、VRML、VDAFS、ACIS 及 CATIA 等。机器人程序员可依据这些精确的数据编制精度更高的机器人程序，从而提高产品质量。

2）AutoPath 功能：该功能通过使用待加工零件的 CAD 模型，在短时间内便可自动生成跟踪加工曲线所需要的机器人位置（路径）。

3）路径优化：如果程序包含接近奇异点的机器人动作，RobotStudio 可自动检测出来并发出报警，从而防止机器人在实际运行中发生奇异点报警这种现象。仿真监视器是一种用于机器人运动优化的可视工具，红色线条显示可改进之处，以使机器人按照最有效的方式运行，可以对 TCP 速度、加速度、奇异点或轴线等进行优化，缩短程序运行时间。

4）可达性分析：通过 Autorech 可自动进行可到达性分析，使用十分方便，用户可通过该功能任意移动机器人或工件，直到所有位置均可到达，在短时间内便可完成工作单元平面布置验证和优化。

5）事件表：一种用于验证程序的结构与逻辑的理想工具。程序执行期间，可通过该工具直接观察工作单元的输入输出状态，可将输入输出连接到仿真事件，实现工位内机器人及所有设备的仿真。该功能是一种十分理想的调试工具。

6）碰撞检测：碰撞检测功能可避免设备碰撞造成的严重损失。选定检测对象后，RobotStudio 可自动监测并显示程序执行时这些对象是否会发生碰撞。

7）在线作业：使用 RobotStudio 与真实的机器人进行连接通信，对机器人进行便捷的监控、程序修改、参数设置、文件传送及设备恢复的操作，使调试与维护工作更轻松。

项目实施

一、RobotStudio 软件的下载

RobotStudio 软件下载的操作步骤见表 1-1。

表 1-1　RobotStudio 软件下载的操作步骤

序号	图例	操作步骤
1	ABB　RobotStudio® Suite	打开浏览器，在地址栏中输入网址：www.robotstudio.com，进入 ABB 官方网站
2	Visit our...　Download section　Download RobotStudio, PowerPacs and much more from our Downloads page　Video tutorials　Watch our video tutorials for RobotStudio　Developer Center　Start developing your own apps with the help of our Developer Centers for RobotStudio and FlexPendant　Forum　Got questions? Discuss your topic in our RobotStudio user forum.	将网页下拉，找到"Download section"

（续）

序号	图例	操作步骤
3	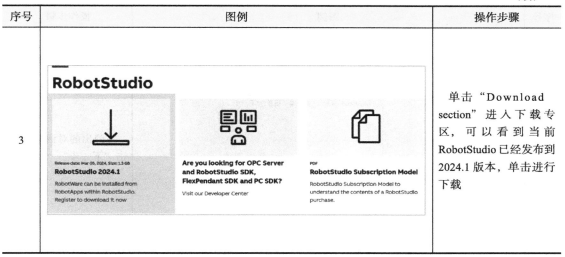	单击"Download section"进入下载专区，可以看到当前 RobotStudio 已经发布到 2024.1 版本，单击进行下载

二、RobotStudio 软件的安装

本书所有的工作站都是基于 RobotStudio 6.08 版本建立的，仿真软件安装的操作步骤见表 1-2。

表 1-2　RobotStudio 软件安装的操作步骤

序号	图例	操作步骤
1	ABB RobotStudio 6.08.msi　2018/10/31 10:16　Windows Install...　10,153 KB Data1.cab　2018/10/31 10:28　360压缩 CAB 文件　2,097,156... Data11.cab　2018/10/31 10:28　360压缩 CAB 文件　45,491 KB Release Notes RobotStudio 6.08.pdf　2018/10/31 10:16　WPS PDF 文档　1,412 KB Release Notes RW 6.08.pdf　2018/10/30 15:46　WPS PDF 文档　129 KB RobotStudio EULA.rtf　2018/2/14 18:59　RTF 文件　120 KB setup.exe　2018/10/31 10:30　应用程序　1,674 KB Setup.ini　2018/10/31 9:56　配置设置　7 KB	打开已经下载好的软件安装包，双击"setup.exe"文件
2	ABB RobotStudio 6.08 - InstallShield Wizard　✕ 从下列选项中选择安装语言。 中文 (简体) 确定(O)　取消	选择安装语言，单击"确定"

序号	图例	操作步骤
3		在弹出的对话框中单击"下一步"
4		选择"我接受该许可证协议中的条款"后，单击"下一步"
5		选择"接受"

（续）

序号	图例	操作步骤
6	ABB RobotStudio 6.08 InstallShield Wizard　× **目的地文件夹** 单击"下一步"安装到此文件夹，或单击"更改"安装到不同的文件夹。　ABB 将 ABB RobotStudio 6.08 安装到： C:\Program Files (x86)\ABB Industrial IT\Robotics IT\RobotStudio 6.08\　　更改(C)... InstallShield < 上一步(B)　　下一步(N) >　　取消	目的地文件夹，可以选择默认路径，也可以进行更改，确定后单击"下一步"
7	ABB RobotStudio 6.08 InstallShield Wizard　× **安装类型** 选择最适合自己需要的安装类型。　ABB 请选择一个安装类型。 ○ **最小安装**　只安装RobotStudio Online所需的组件。 ◉ **完整安装(O)**　将安装所有的程序功能。（需要的磁盘空间最大） ○ **自定义(S)**　选择要安装的程序功能和将要安装的位置。建议高级用户使用。 InstallShield < 上一步(B)　　下一步(N) >　　取消	选择"完整安装"，单击"下一步"
8	ABB RobotStudio 6.08 InstallShield Wizard　× **已做好安装程序的准备** 向导准备开始安装。　ABB 单击"安装"开始安装。 要查看或更改任何安装设置，请单击"上一步"。单击"取消"退出向导。 InstallShield < 上一步(B)　　安装(I)　　取消	单击"安装"

（续）

序号	图例	操作步骤
9		单击"完成"便完成软件的安装

三、RobotStudio 软件的授权

RobotStudio 软件授权的操作步骤见表 1-3。

表 1-3   RobotStudio 软件授权的操作步骤

序号	图例	操作步骤
1	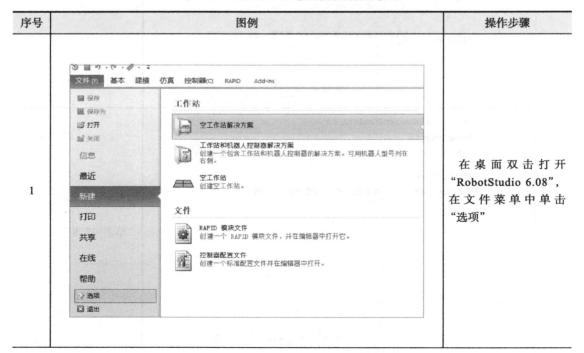	在桌面双击打开"RobotStudio 6.08"，在文件菜单中单击"选项"

（续）

序号	图例	操作步骤
2		在弹出的对话框中单击"授权"，再单击"激活向导"
3	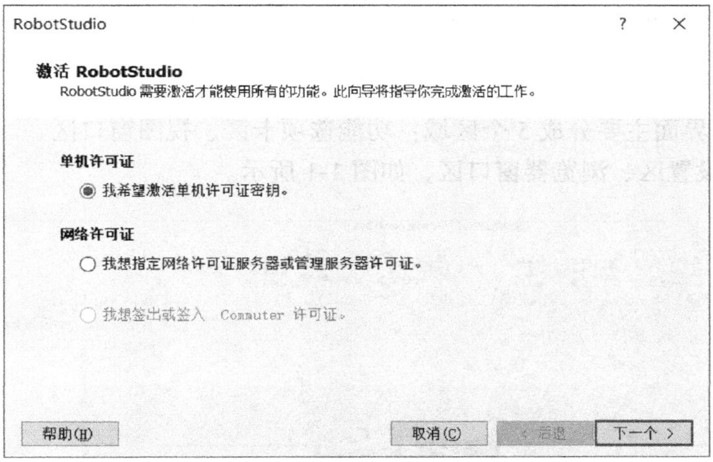	选择"单机许可证"，再单击"下一个"
4	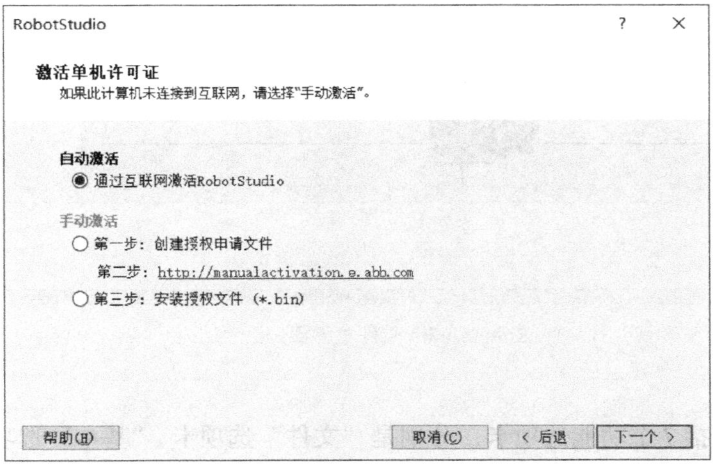	选择"自动激活"，再单击"下一个"

（续）

序号	图例	操作步骤
5		复制一份从 ABB 官方获得的软件激活密钥，添加到文本框内，再单击"下一个"，完成授权

四、认识 RobotStudio 软件界面

RobotStudio 软件的界面主要分成 5 个区域：功能选项卡区、视图窗口区、输出窗口区、运动指令设置区、浏览器窗口区，如图 1-1 所示。

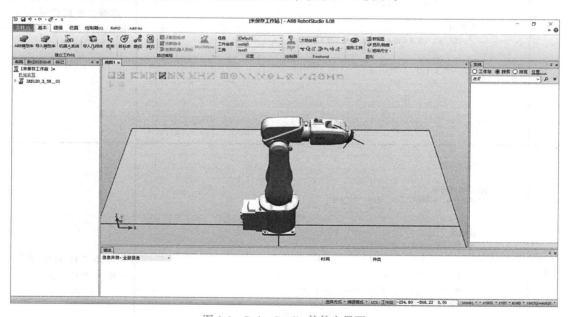

图 1-1　RobotStudio 软件主界面

1. 功能选项卡区

RobotStudio 软件包括 7 个功能选项卡，分别是"文件"选项卡、"基本"选项卡、"建

模"选项卡、"仿真"选项卡、"控制器"选项卡、"RAPID"选项卡及"Add-Ins"选项卡，如图 1-2 所示。

图 1-2　RobotStudio 软件功能选项卡

"文件"选项卡包括保存、关闭、打开工作站、打开最近工作站项目、创建新工作站、共享打包工作站、在线连接机器人、查看帮助及对软件外观、保存路径进行设置等，如图 1-3 所示。

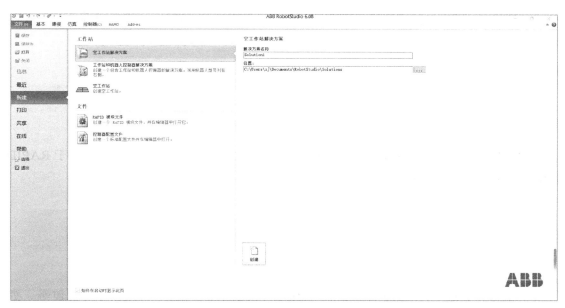

图 1-3　"文件"选项卡界面

"基本"选项卡包括选择 ABB 模型、导入模型库、创建机器人系统、导入几何体、创建机器人目标点和路径、将工作站与机器人系统进行同步等，如图 1-4 所示。

图 1-4　"基本"选项卡界面

"建模"选项卡包括创建和分组工作站组件、导入几何体、创建三维固体、测量距离、创建机械装置等，如图 1-5 所示。

图 1-5 "建模"选项卡界面

"仿真"选项卡包括创建碰撞监控、进行仿真设置及控制、对仿真信号进行监控等，如图 1-6 所示。

图 1-6 "仿真"选项卡界面

"控制器"选项卡包括在线控制实体机器人、编辑示教器程序、配置机器人板卡及信号等，如图 1-7 所示。

图 1-7 "控制器"选项卡界面

"RAPID"选项卡包括 RAPID 编辑器的功能、RAPID 文件的管理以及用于 RAPID 编程的其他控件，如图 1-8 所示。

图 1-8 "RAPID"选项卡界面

"Add-Ins"选项卡包括用于添加 ABB 公司提供的各类插件、应用安装包等，如图 1-9 所示。

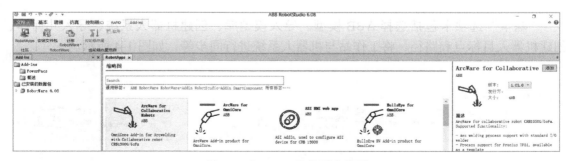

图 1-9 "Add-Ins"选项卡界面

2.视图窗口区

视图窗口区除了显示软件中的三维模型及其构成的虚拟场景，还在视图窗口的上方汇集了常用操作工具，如图 1-10 所示，详细说明见表 1-4。

图 1-10　视图窗口常用操作工具

表 1-4　视图窗口常用操作工具详细说明

选择工具		捕捉工具	
图形符号	说明	图形符号	说明
	选择曲线		捕捉对象
	选择表面		捕捉中心
	选择物体		捕捉中点
	选择部件		捕捉末端
	选择组		捕捉边缘
	选择机械装置		捕捉重心
	选择目标点 / 框架		捕捉本地原点
	选择移动指令		捕捉网格
	选择路径	—	—
测量工具		其他工具	
图形符号	说明	图形符号	说明
	测量两点的距离		查看工作站中的所有对象
	测量两直线的相交角度		设置旋转视图的中心点
	测量圆的直径		开始仿真
	测量两个对象的直线距离		停止和复位仿真
	对之前的测量结果进行保存	—	—

3.输出窗口区

输出窗口显示工作站内出现的事件的相关信息。

4.运动指令设置区

运动指令设置区用于设置运动指令中的运动模式、速度、区域数据、坐标系等参数。

5.浏览器窗口区

浏览器窗口分层显示工作站中的项目。在"基本"选项卡中的浏览器窗口包括布局、路径和目标点、标记，在"建模"选项卡中的浏览器窗口包括布局、物理、标记。

五、RobotStudio 软件的基本操作

在模型导入工作站后，需要进行视角变换和平移等操作。

1）滑动鼠标滚轮可对视图窗口进行放大或缩小。

2）按住 Ctrl+ 鼠标左键，拖动鼠标可对工作站进行平移。

3）按住 Ctrl+Shift+ 鼠标左键，拖动鼠标可对工作站进行旋转。

4）恢复默认界面。若因误操作将软件界面的浏览器窗口、输出窗口等关闭，想要恢复软件默认布局，可参照图 1-11 所示进行操作，先单击下拉按钮，再单击"默认布局"即可恢复窗口的布局。

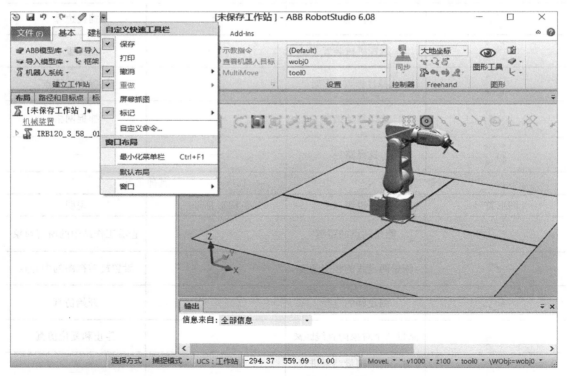

图 1-11　恢复软件默认布局

项目评价

项目 1 评价表见表 1-5。

表 1-5 项目 1 评价表

序号	任务	考核要点	分值/分	评分标准	得分	备注
1	下载仿真软件	软件下载	20	能完成所需版本的软件下载		
2	安装仿真软件	正确安装仿真软件	20	正确安装到指定位置		
3	认识 RobotStudio 的界面	熟练操作软件界面	30	能按要求找到各操作界面并认识各功能选项卡，未能找到或识别，一个扣 5 分，扣完为止		
		恢复默认布局	20	操作流程正确，恢复默认布局		
4	安全操作	符合上机实训操作要求	10	违反上机实训要求，一次扣 5 分		

思考与练习

1. 选择题（请将正确的答案填入括号中）

1）以下可以下载 Robotstudio 软件的网站是（　　　）。

A. www.robot.com.cn

B. www.robotstudio.com.cn

C. www.robot.com

D. www.robotstudio.com

2）需要不同版本的 RobotWare 时，可在 Robotstudio 软件的（　　　）中进行下载。

A. "仿真"选项卡

B. "Add-Ins"选项卡

C. "控制器"选项卡

D. "系统"选项卡

3）以下包含对虚拟控制器内的离线程序及真实控制器内的在线程序进行创建、编辑和管理等功能的选项是（　　　）。

A. "仿真"选项卡

B. "控制器"选项卡

C. "RAPID" 选项卡

D. "Add-Ins" 选项卡

4）若想对工作站进行缩放的话，（　　），可以对工作站进行放大或缩小。

A. 滚动鼠标的滚轮

B. 按住 Ctrl+Shift+ 鼠标左键，拖动鼠标

C. 按住 Ctrl+ 鼠标左键的同时，拖动鼠标

D. 按住键盘上的 "+" "-" 号

2. 简答题

1）RobotStudio 软件主界面包括哪些内容？

2）RobotStudio 软件界面包括哪 7 个功能选项卡？

3）如何恢复 RobotStudio 软件界面默认布局？

项目 2

构建工业机器人基本仿真工作站

学习目标

知识目标：

1. 了解工业机器人工作站的基本布局方法。

2. 了解工件坐标的基本概念。

能力目标：

1. 能够手动操作机器人的各个关节。

2. 能够创建机器人的基本运动轨迹。

3. 能够录制仿真视频和视图。

素质目标：

1. 培养学生对新知识的好奇心和探索精神。

2. 培养学生的操作能力和细致观察力。

项目描述

本项目是构建工业机器人基本仿真工作站，通过本项目介绍仿真工作站布局的一般方法，完成机器人轨迹设置和仿真运行。

知识学习

RobotStudio 软件拥有系统自带的模型库，即系统模型库，包含机器人本体、变位机、导轨、控制柜、弧焊设备、输送链等。在实际生产中，生产设备的样式与规格不尽相同，所需要的模型在系统模型库里并不能全部找到，这就要通过第三方软件设计生成设计模型并通过 RobotStudio 软件加载、设置，从而形成用户模型库。

项目实施

一、布局工业机器人基本工作站

布局工业机器人基本工作站的操作步骤见表2-1。

表2-1 布局工业机器人基本工作站的操作步骤

序号	图例	操作步骤
1	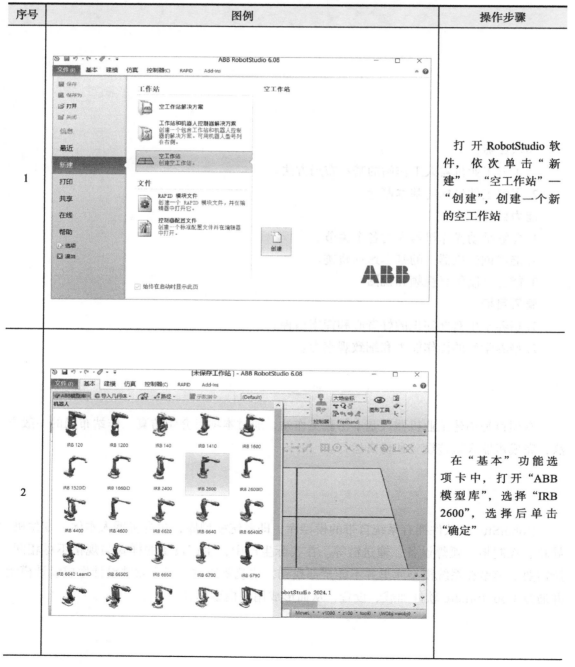	打开 RobotStudio 软件，依次单击"新建"—"空工作站"—"创建"，创建一个新的空工作站
2		在"基本"功能选项卡中，打开"ABB模型库"，选择"IRB 2600"，选择后单击"确定"

（续）

序号	图例	操作步骤
3	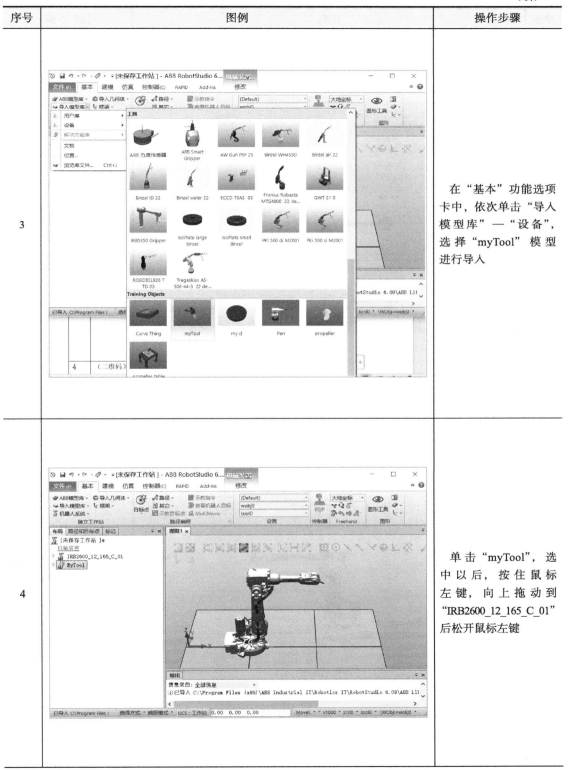	在"基本"功能选项卡中,依次单击"导入模型库"—"设备",选择"myTool"模型进行导入
4		单击"myTool",选中以后,按住鼠标左键,向上拖动到"IRB2600_12_165_C_01"后松开鼠标左键

（续）

序号	图例	操作步骤
5	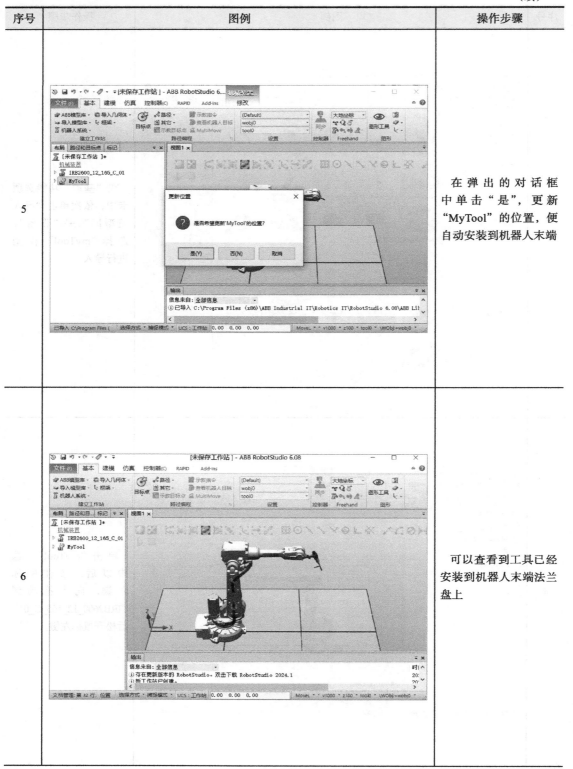	在弹出的对话框中单击"是"，更新"MyTool"的位置，便自动安装到机器人末端
6		可以查看到工具已经安装到机器人末端法兰盘上

（续）

序号	图例	操作步骤
7	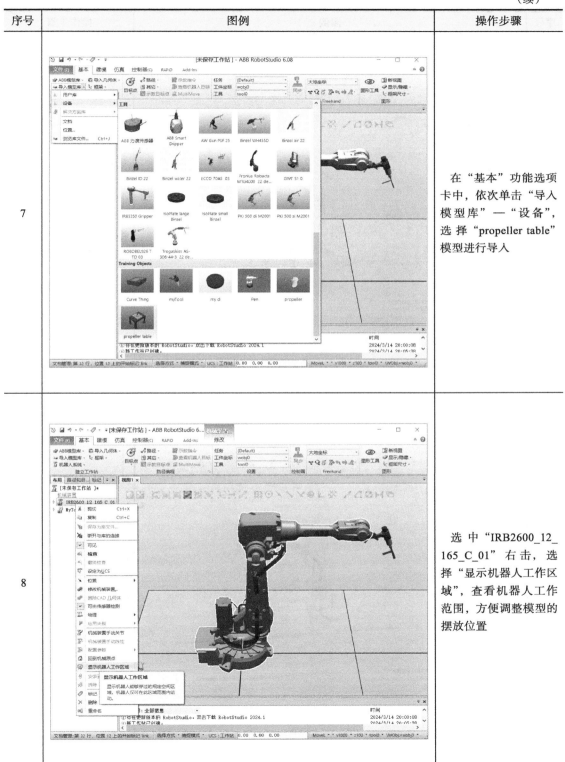	在"基本"功能选项卡中，依次单击"导入模型库"—"设备"，选择"propeller table"模型进行导入
8		选中"IRB2600_12_165_C_01"右击，选择"显示机器人工作区域"，查看机器人工作范围，方便调整模型的摆放位置

（续）

序号	图例	操作步骤
9	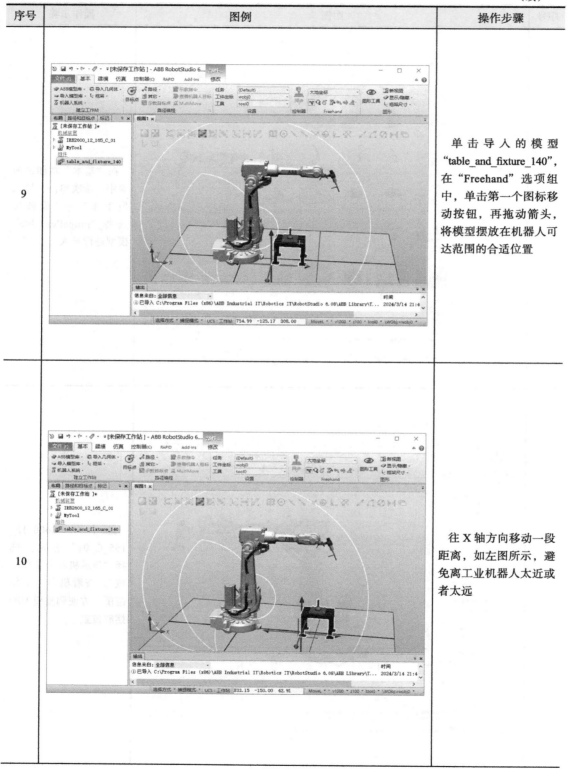	单击导入的模型"table_and_fixture_140"，在"Freehand"选项组中，单击第一个图标移动按钮，再拖动箭头，将模型摆放在机器人可达范围的合适位置
10		往 X 轴方向移动一段距离，如左图所示，避免离工业机器人太近或者太远

（续）

序号	图例	操作步骤
11	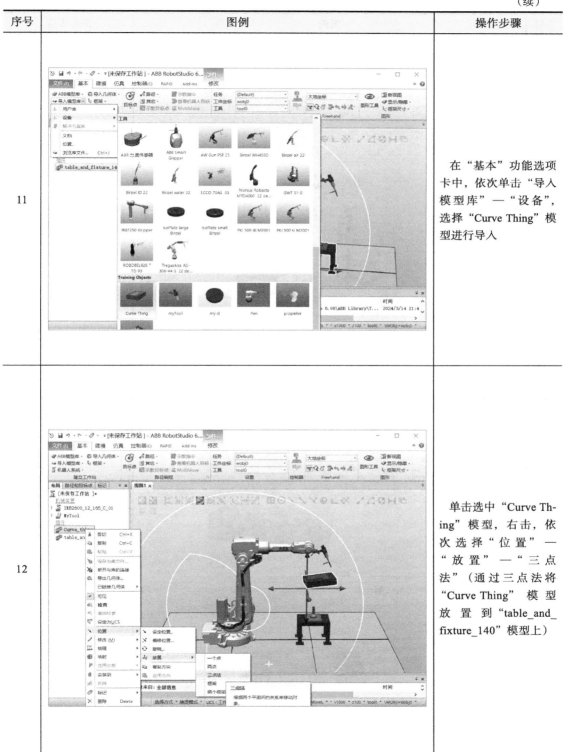	在"基本"功能选项卡中，依次单击"导入模型库"—"设备"，选择"Curve Thing"模型进行导入
12		单击选中"Curve Thing"模型，右击，依次选择"位置"—"放置"—"三点法"（通过三点法将"Curve Thing"模型放置到"table_and_fixture_140"模型上）

（续）

序号	图例	操作步骤
13	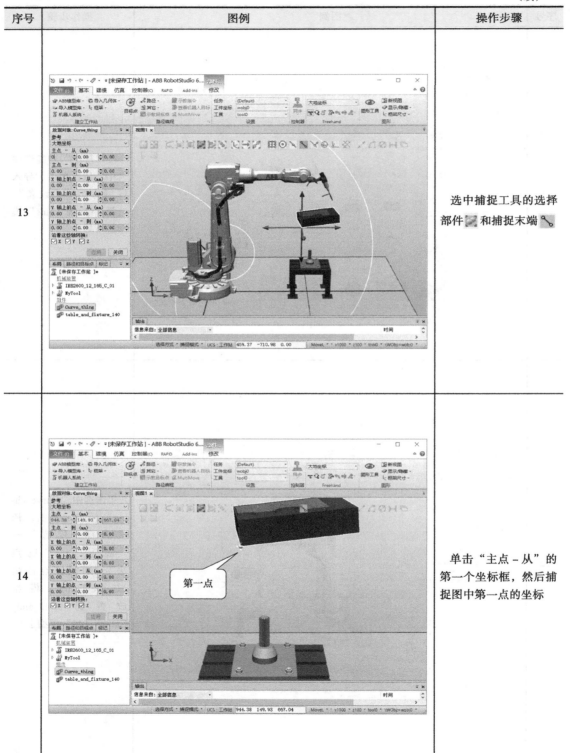	选中捕捉工具的选择部件 和捕捉末端
14		单击"主点-从"的第一个坐标框，然后捕捉图中第一点的坐标

（续）

序号	图例	操作步骤
15	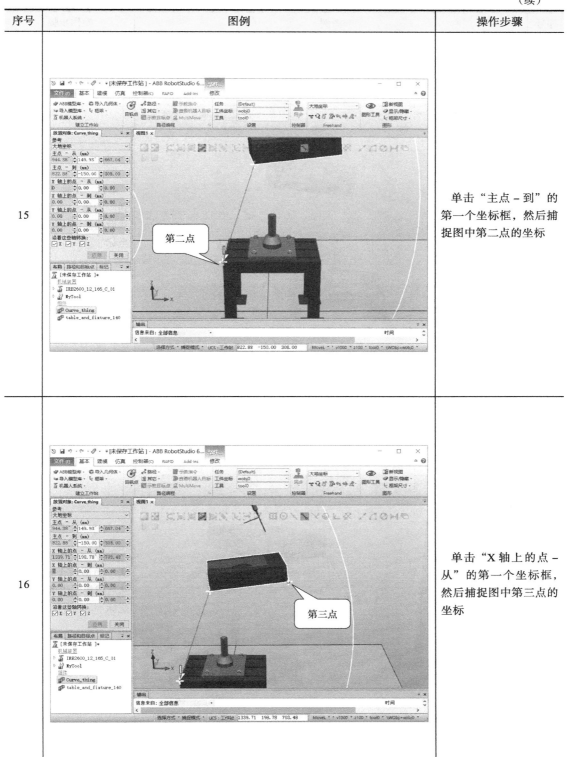	单击"主点－到"的第一个坐标框，然后捕捉图中第二点的坐标
16		单击"X 轴上的点－从"的第一个坐标框，然后捕捉图中第三点的坐标

（续）

序号	图例	操作步骤
17	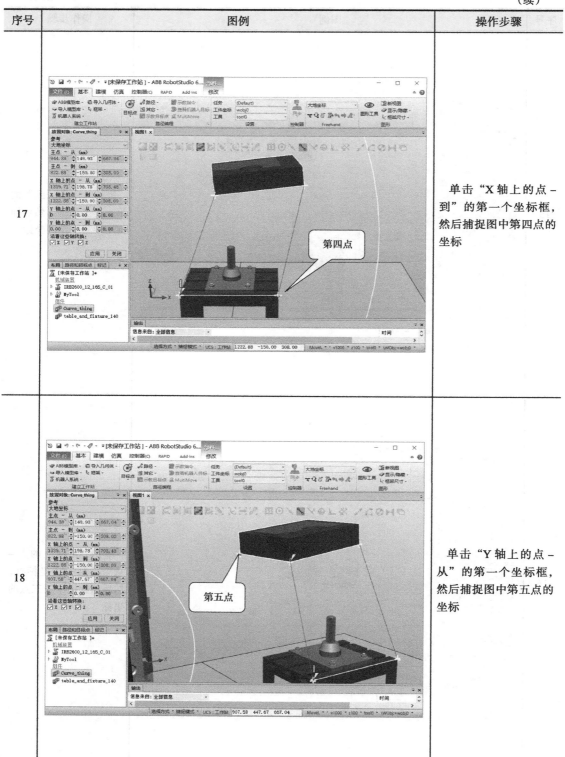	单击"X 轴上的点 –到"的第一个坐标框，然后捕捉图中第四点的坐标
18		单击"Y 轴上的点 –从"的第一个坐标框，然后捕捉图中第五点的坐标

（续）

序号	图例	操作步骤
19	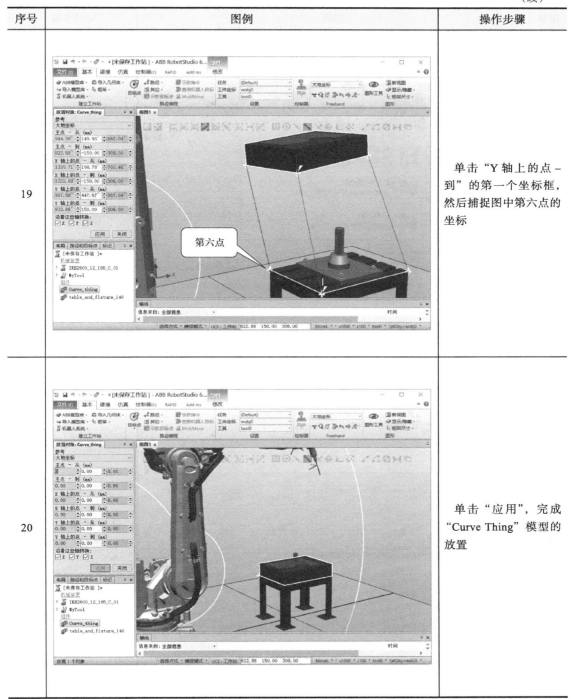	单击"Y 轴上的点 – 到"的第一个坐标框，然后捕捉图中第六点的坐标
20		单击"应用"，完成"Curve Thing"模型的放置

二、创建工业机器人系统

创建工业机器人系统操作步骤见表 2-2。

表 2-2　创建工业机器人系统操作步骤

序号	图例	操作步骤
1	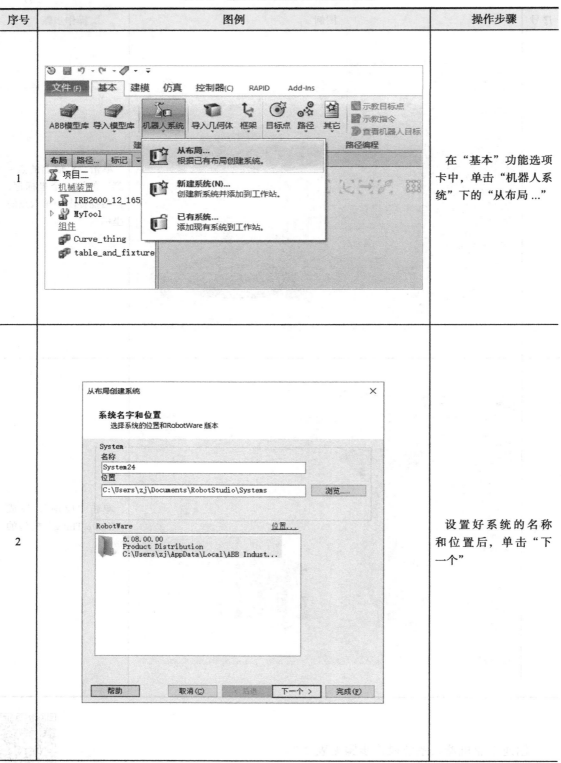	在"基本"功能选项卡中，单击"机器人系统"下的"从布局..."
2		设置好系统的名称和位置后，单击"下一个"

（续）

序号	图例	操作步骤
3	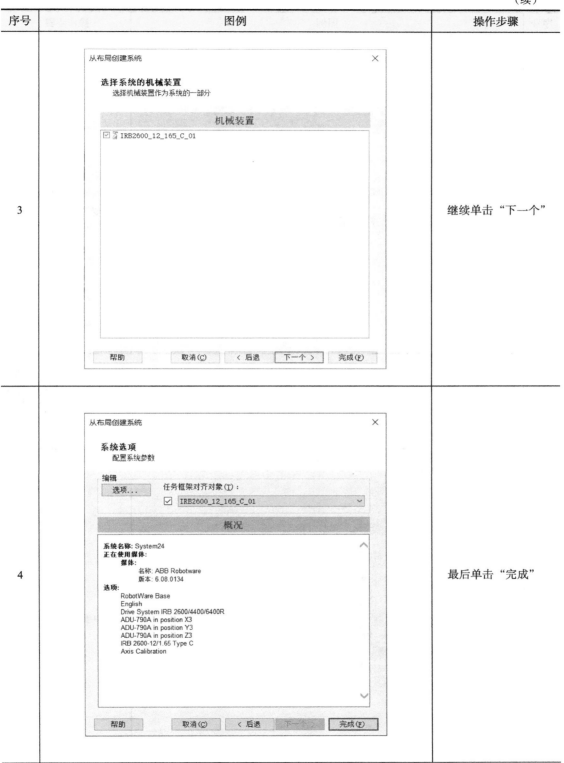	继续单击"下一个"
4		最后单击"完成"

（续）

序号	图例	操作步骤
5	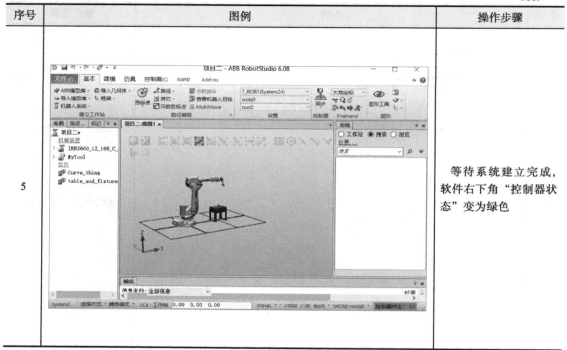	等待系统建立完成，软件右下角"控制器状态"变为绿色

三、手动操作工业机器人

手动操作工业机器人步骤见表2-3。

表 2-3 手动操作工业机器人步骤

序号	图例	操作步骤
1	选中手动关节	选中手动关节

（续）

序号	图例	操作步骤
2	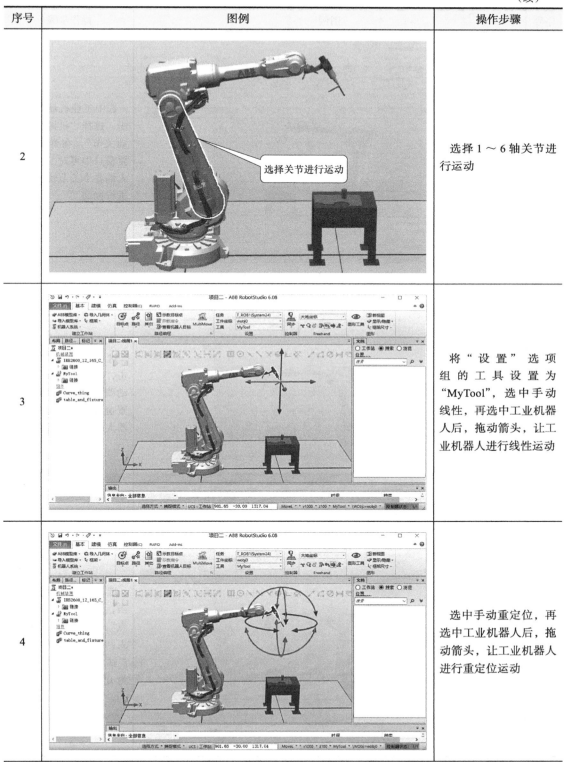	选择 1 ～ 6 轴关节进行运动
3		将 "设置" 选项组的工具设置为 "MyTool"，选中手动线性，再选中工业机器人后，拖动箭头，让工业机器人进行线性运动
4		选中手动重定位，再选中工业机器人后，拖动箭头，让工业机器人进行重定位运动

（续）

序号	图例	操作步骤
5	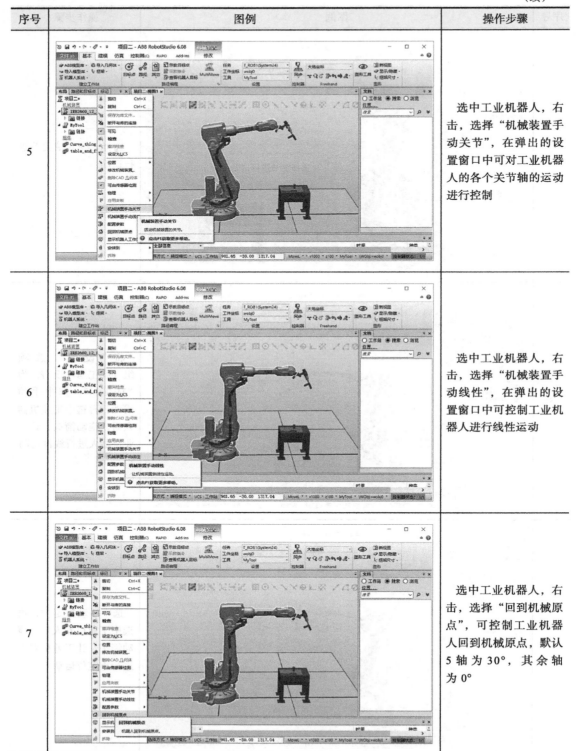	选中工业机器人，右击，选择"机械装置手动关节"，在弹出的设置窗口中可对工业机器人的各个关节轴的运动进行控制
6		选中工业机器人，右击，选择"机械装置手动线性"，在弹出的设置窗口中可控制工业机器人进行线性运动
7		选中工业机器人，右击，选择"回到机械原点"，可控制工业机器人回到机械原点，默认5轴为30°，其余轴为0°

四、创建工业机器人工件坐标

创建工业机器人工件坐标操作步骤见表 2-4。

表 2-4　创建工业机器人工件坐标操作步骤

序号	图例	操作步骤
1	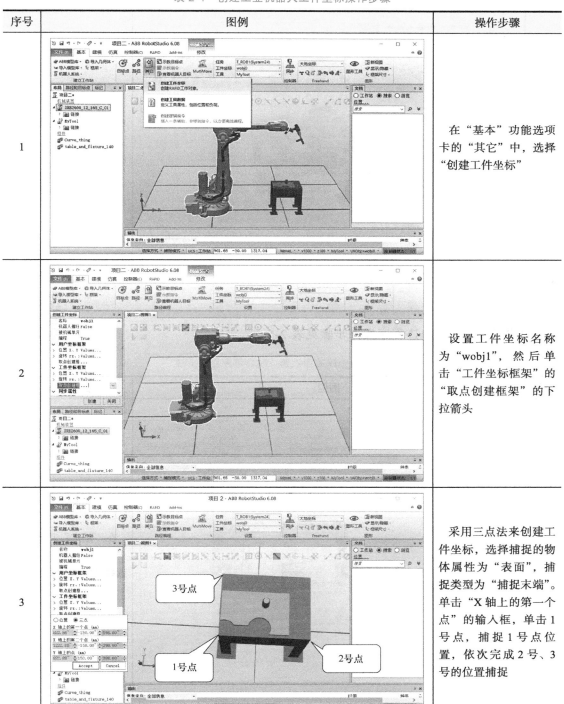	在"基本"功能选项卡的"其它"中，选择"创建工件坐标"
2		设置工件坐标名称为"wobj1"，然后单击"工件坐标框架"的"取点创建框架"的下拉箭头
3		采用三点法来创建工件坐标，选择捕捉的物体属性为"表面"，捕捉类型为"捕捉末端"。单击"X轴上的第一个点"的输入框，单击1号点，捕捉1号点位置，依次完成2号、3号的位置捕捉

（续）

序号	图例	操作步骤
4	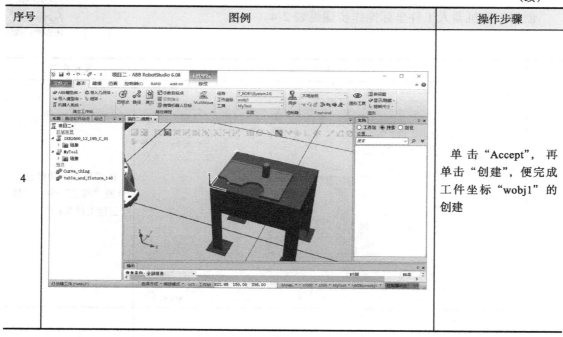	单击"Accept"，再单击"创建"，便完成工件坐标"wobj1"的创建

五、创建工业机器人轨迹程序

创建工业机器人轨迹程序操作步骤见表2-5。

表2-5　创建工业机器人轨迹程序操作步骤

序号	图例	操作步骤
1	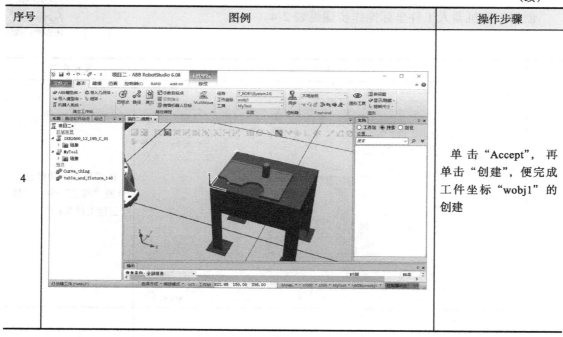	在"基本"功能选项卡中，单击"路径"后选择"空路径"

（续）

序号	图例	操作步骤
2	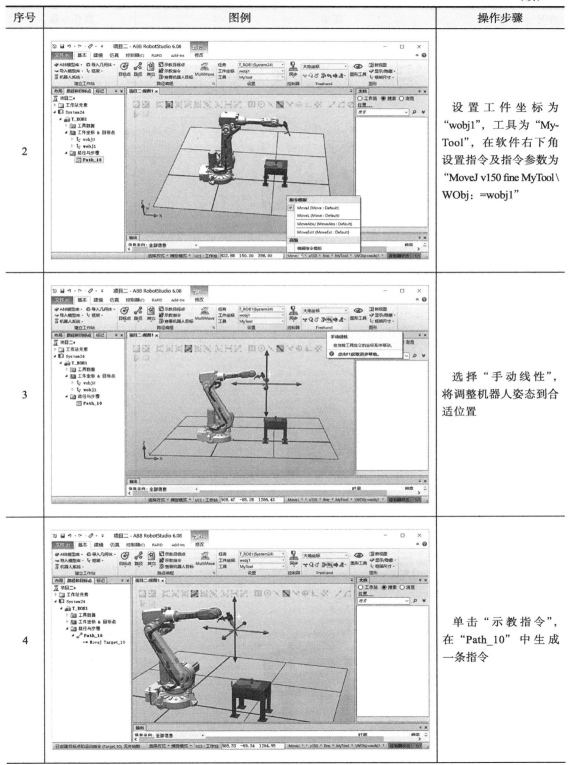	设置工件坐标为"wobj1"，工具为"My-Tool"，在软件右下角设置指令及指令参数为"MoveJ v150 fine MyTool \ WObj：=wobj1"
3		选择"手动线性"，将调整机器人姿态到合适位置
4		单击"示教指令"，在"Path_10"中生成一条指令

（续）

序号	图例	操作步骤
5	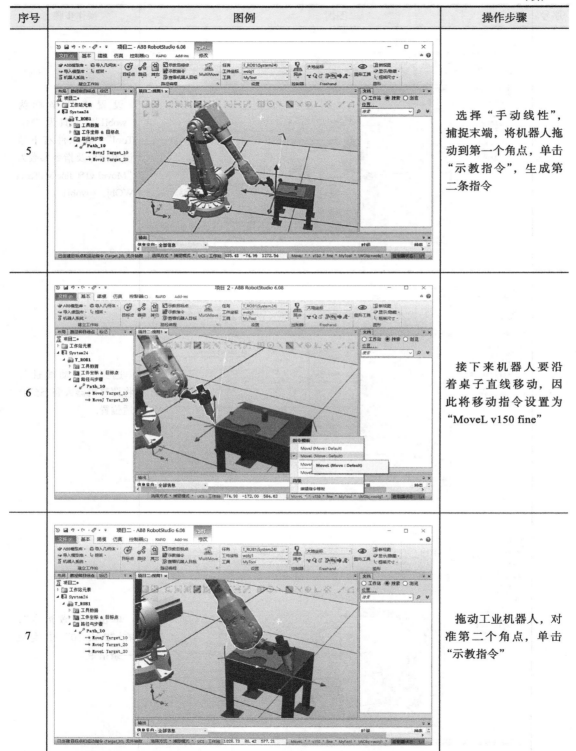	选择"手动线性"，捕捉末端，将机器人拖动到第一个角点，单击"示教指令"，生成第二条指令
6		接下来机器人要沿着桌子直线移动，因此将移动指令设置为"MoveL v150 fine"
7		拖动工业机器人，对准第二个角点，单击"示教指令"

（续）

序号	图例	操作步骤
8	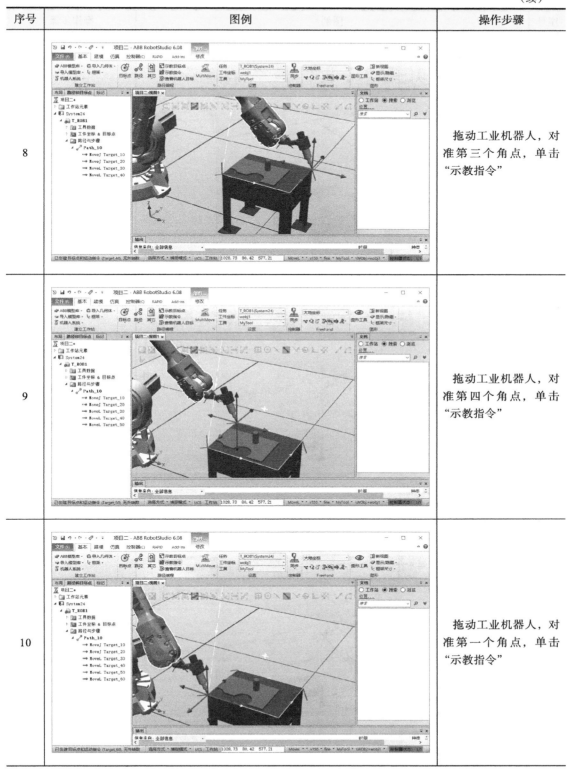	拖动工业机器人，对准第三个角点，单击"示教指令"
9		拖动工业机器人，对准第四个角点，单击"示教指令"
10		拖动工业机器人，对准第一个角点，单击"示教指令"

（续）

序号	图例	操作步骤
11	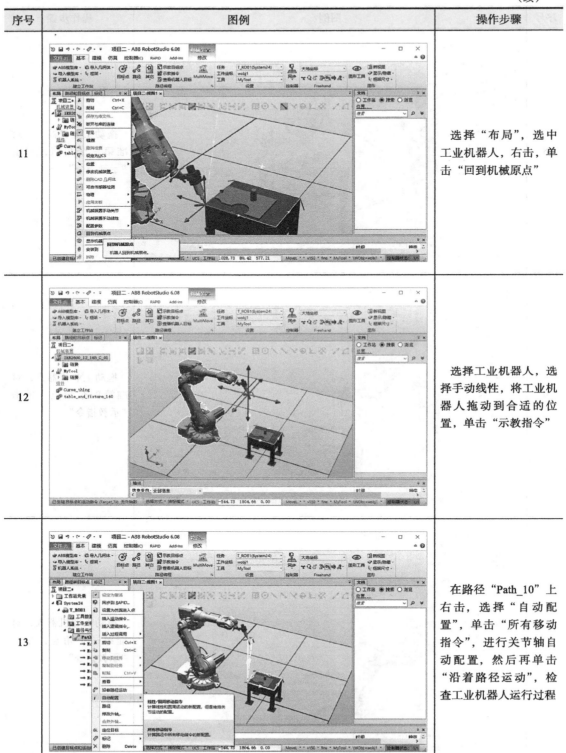	选择"布局"，选中工业机器人，右击，单击"回到机械原点"
12		选择工业机器人，选择手动线性，将工业机器人拖动到合适的位置，单击"示教指令"
13		在路径"Path_10"上右击，选择"自动配置"，单击"所有移动指令"，进行关节轴自动配置，然后再单击"沿着路径运动"，检查工业机器人运行过程

六、仿真运行工业机器人轨迹

仿真运行工业机器人轨迹操作步骤见表 2-6。

表 2-6　仿真运行工业机器人轨迹操作步骤

序号	图例	操作步骤
1	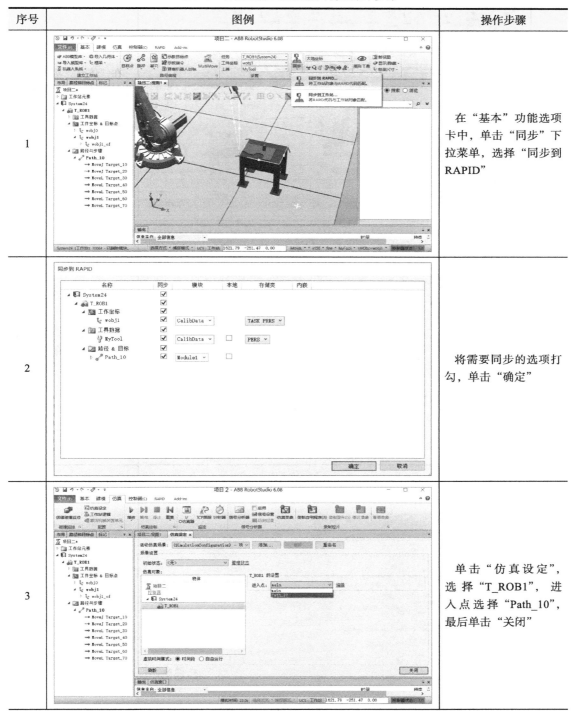	在"基本"功能选项卡中，单击"同步"下拉菜单，选择"同步到RAPID"
2		将需要同步的选项打勾，单击"确定"
3		单击"仿真设定"，选择"T_ROB1"，进入点选择"Path_10"，最后单击"关闭"

（续）

序号	图例	操作步骤
4	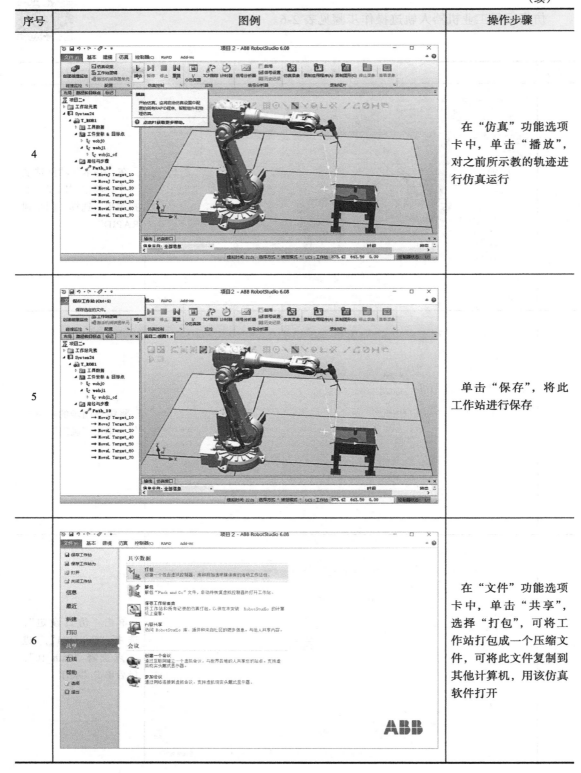	在"仿真"功能选项卡中，单击"播放"，对之前所示教的轨迹进行仿真运行
5		单击"保存"，将此工作站进行保存
6		在"文件"功能选项卡中，单击"共享"，选择"打包"，可将工作站打包成一个压缩文件，可将此文件复制到其他计算机，用该仿真软件打开

七、录制工业机器人仿真运行效果

录制工业机器人仿真运行效果操作步骤见表 2-7。

表 2-7　录制工业机器人仿真运行效果操作步骤

序号	图例	操作步骤
1	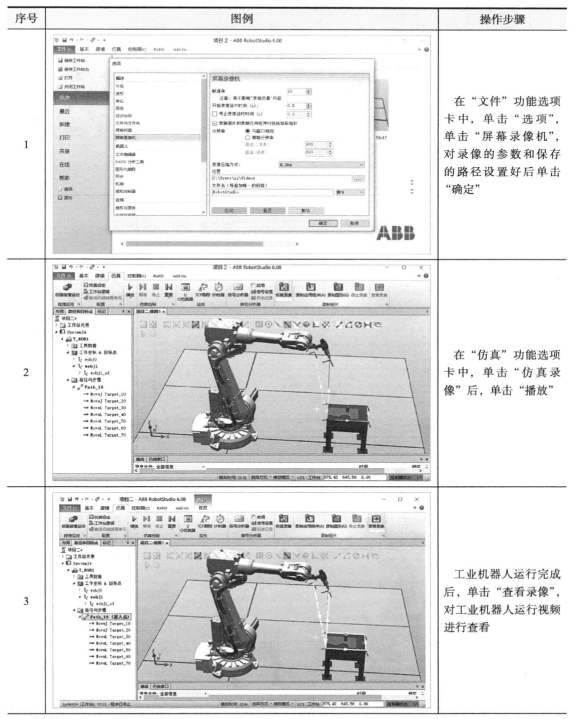	在"文件"功能选项卡中，单击"选项"，单击"屏幕录像机"，对录像的参数和保存的路径设置好后单击"确定"
2		在"仿真"功能选项卡中，单击"仿真录像"后，单击"播放"
3		工业机器人运行完成后，单击"查看录像"，对工业机器人运行视频进行查看

（续）

序号	图例	操作步骤
4	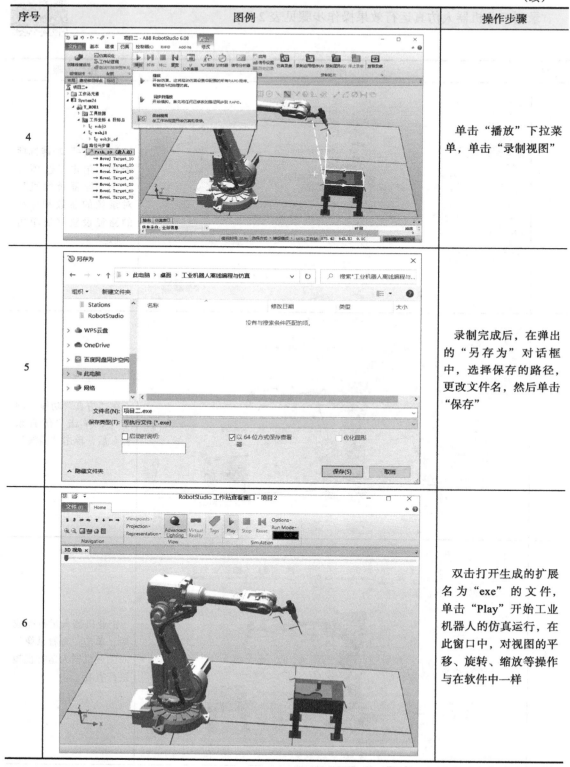	单击"播放"下拉菜单，单击"录制视图"
5		录制完成后，在弹出的"另存为"对话框中，选择保存的路径，更改文件名，然后单击"保存"
6		双击打开生成的扩展名为"exe"的文件，单击"Play"开始工业机器人的仿真运行，在此窗口中，对视图的平移、旋转、缩放等操作与在软件中一样

项目评价

项目 2 评价表见表 2-8。

表 2-8　项目 2 评价表

序号	任务	考核要点	分值 / 分	评分标准	得分	备注
1	加载工业机器人及周边模型	正确找到并添加	10	正确找到并添加		
2	工作站合理布局	对工业机器人及周边模型进行合理布局	10	周边模型布局合理，未出现机器人不可达情况		
3	创建工业机器人系统	完成工业机器人系统的创建	10	正确创建		
4	工业机器人手动操作	能使用关节、线性及重定位手动操作机器人	15	能根据要求完成指定操作		
5	工业机器人工件坐标	完成工件坐标的创建	10	正确创建		
6	工业机器人运动轨迹程序	完成路径创建、示教指令	15	正确创建机器人运行轨迹，未能创建不得分		
7	仿真运行工业机器人轨迹	能通过"播放"正确仿真工业机器人轨迹	10	正确设置，并播放工业机器人运动轨迹		
8	工业机器人的仿真视频录制及制作 EXE 文件	录制仿真视频，制作 EXE 文件并能正确运行	10	录制仿真视频 5 分，制作 EXE 文件并能正确运行 5 分		
9	安全操作	符合上机实训操作要求	10	违反上机实训要求，一次扣 5 分		

思考与练习

1. 填空题（请将正确的答案填在题中的横线上）

1）仿真设置完成后，在"仿真"菜单中，单击_____，这时机器人就按添加路径的顺序进行运动。

2）从布局创建系统，单击"完成"后右下角正在显示控制器的状态，当控制器状态变成_____（红／绿）色后，机器人系统才能继续正常的操作。

2. 简答题

1）"从布局"的意思是什么？

2）创建机器人系统时，有哪些注意事项？

3）如何将工具 MyTool 安装到机器人的法兰盘上？

项目 3

喷涂工作站的离线编程及仿真

学 习 目 标

知识目标：

1. 了解机器人常用运动指令及 I/O 控制指令。
2. 掌握 Smart 组件的基本概念。
3. 掌握创建工作站 I/O 信号的基本方法。
4. 掌握工作站逻辑的基本原理。

能力目标：

1. 能够正确应用 Smart 组件。
2. 能够利用 I/O 信号仿真器调试 Smart 组件。
3. 能够创建喷涂工作站离线程序。
4. 能够对喷涂工作站系统进行仿真调试。

素质目标：

1. 培养学生的创新思维和实际应用能力。
2. 培养学生严谨的工作态度和良好的工程素养。
3. 培养学生面对复杂问题的应对策略和决策能力。

项 目 描 述

本项目是利用机器人完成喷涂任务，喷涂对象是"五角星"工件，喷涂颜色为黄色，本项目通过在虚拟仿真软件中对五角星喷涂，介绍了喷涂的编程方法和实现技巧。

知 识 学 习

一、机器人常用运动指令

ABB 工业机器人在工作空间的运动方式主要有关节运动、直线运动、圆弧运动和绝对位置运动。

1. 关节运动指令——MoveJ

关节运动是机器人 TCP 从起始点沿最快的路径移动到目标点。机器人最快的运动路径通常不是最短的路径，因而关节运动一般不是直线运动。由于机器人关节轴做回转运动，且所有轴同时起动和同时停止，所以机器人的运动路径无法准确预测。该指令不仅使机器人的运动更加高效快速，而且使机器人的运动更加柔和，一般用于机器人在工作空间大范围移动。

关节运动指令语句"MoveJ p10，v100，z30，tool1；"各部分含义见表 3-1。

表 3-1 关节运动指令语句解析

参数	说明
MoveJ	指令名称：关节运动
p10	目标位置：数据类型为 robtarget，机器人和外部轴的目标点
v100	速度：数据类型为 speeddata，单位为 mm/s
z30	转弯半径：数据类型为 zonedata，单位为 mm。转弯半径描述了所生成路径拐角的大小。转弯半径越大，机器人的动作越流畅
tool1	工具坐标系：数据类型为 tooldata，移动机械臂时正在使用的工具坐标

2. 直线运动指令——MoveL

直线运动是机器人 TCP 按照设置的姿态沿一条直线由起始点运动至目标点。在运动过程中，机器人的运动状态可控，运动路径唯一且精度高，但是容易出现关节进入机械死点。该指令常用于机器人工作状态下的移动。

直线运动指令语句"MoveL p20，v100，fine，tool1；"各部分含义见表 3-2。

表 3-2 直线运动指令语句解析

参数	说明
MoveL	指令名称：直线运动
p20	目标位置：数据类型为 robtarget，机器人和外部轴的目标点
v100	速度：数据类型为 speeddata，单位为 mm/s
fine	转弯半径：数据类型为 zonedata，单位为 mm。转弯数据 fine 是指机器人 TCP 到达目标点时速度降为零（完全到达目标点）
tool1	工具坐标系：数据类型为 tooldata，移动机械臂时正在使用的工具坐标

3. 圆弧运动指令——MoveC

圆弧运动是机器人 TCP 从起点沿弧形路径移动至目标点。需要注意的是，机器人通过一个圆弧指令画弧度的最大角度为 240°，因此不能通过一个 MoveC 指令完成一个圆形轨迹。

圆弧运动指令语句"MoveC p30，p40，v100，z10，tool1；" 各部分含义见表 3-3。

表 3-3　圆弧运动指令语句解析

参数	说明
MoveC	指令名称：圆弧运动
p20、p30	目标位置：数据类型为 robtarget，p20 是圆弧中间点，p30 是圆弧终点
v100	速度：数据类型为 speeddata，适用于运动的速度数据，单位为 mm/s
z10	转弯半径：数据类型为 zonedata，单位为 mm。转弯半径描述了所生成路径拐角的大小。转弯半径越大，机器人的动作越流畅
tool1	工具坐标系：数据类型为 tooldata，移动机械臂时正在使用的工具坐标

例：MoveL p1，v500，fine，tool1；
　　MoveC p2，p3，v500，z20，tool1；
　　MoveC p4，p1，v500，fine，tool1；

该程序显示了如何通过两个 MoveC 指令走一个完整的圆形轨迹，在第一个圆弧中，p1 是起点，p2 是中间过渡点，p3 是终点；在第二个圆弧中，p3 是起点，p4 是中间过渡点，p1 是终点，因此每一个圆弧指令的起点是上一条指令的最后一个点。圆弧指令画圆示意图如图 3-1 所示。

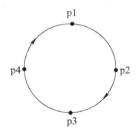

图 3-1　圆弧指令画圆示意图

4. 绝对位置运动指令——MoveAbsJ

绝对位置运动是机器人以单轴运行的方式从起点运动至目标点，在运动中，不存在机械死点。在 MoveAbsJ 指令中，目标点以机器人各个关节角度值来记录机器人位置。该指令常用于机器人运动至特定的关节角，如检查机器人的机械零点、机器人回初始点等。图 3-2 所示为通过绝对位置运动指令设置机器人各关节角度值。

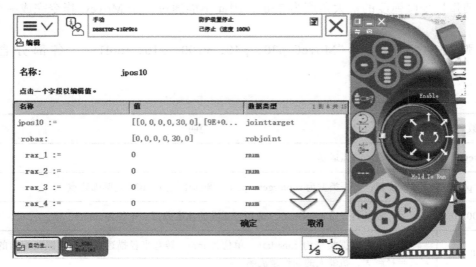

图 3-2　绝对位置运动指令的关节角度值

绝对位置运动指令语句"MoveAbsJ jpos10\NoEOffs，v100，z10，tool1；"各部分含义见表 3-4。

表 3-4　绝对位置运动指令语句解析

参数	说明
MoveAbsJ	指令名称：绝对位置运动
jpos10	目标位置：数据类型为 jointtarget
\NoEOffs	外轴不带偏移数据
v100	速度：数据类型为 speeddata，单位为 mm/s
z10	转弯半径：数据类型为 zonedata，单位为 mm。转弯半径描述了所生成路径拐角的大小。转弯半径越大，机器人的动作越流畅
tool1	工具坐标系：数据类型为 tooldata，移动机械臂时正在使用的工具坐标

二、I/O 控制指令

I/O 控制指令用于控制 I/O 信号，以达到与机器人周边设备进行通信的目的。在工业机器人工作站中，I/O 通信主要是与 PLC 实现信号交互。

1. 置位指令 Set

Set do0；

将数字量输出信号 do0 置为 1。信号 do0 数据类型为 signaldo。

2. 复位指令 Reset

Reset do0；

将数字量输出信号 do0 复位为 0。

3. WaitDI

WaitDI di0，1；

等待数字量输入信号 di0 的值为 1，如果 di0 为 1，则程序继续往下执行。

4. WaitDO

WaitDO do0，1；

等待数字量输出信号 do0 的值为 1，如果 do0 为 1，则程序继续往下执行。

项目实施

一、喷涂工作站模型搭建

喷涂工作站中模型搭建的操作步骤见表 3-5。

表 3-5　喷涂工作站中模型搭建的操作步骤

序号	图例	操作步骤
1		首先创建空工作站
2		依次单击"导入模型库"—"浏览库文件"，找到喷涂工作站进行导入

（续）

序号	图例	操作步骤
3	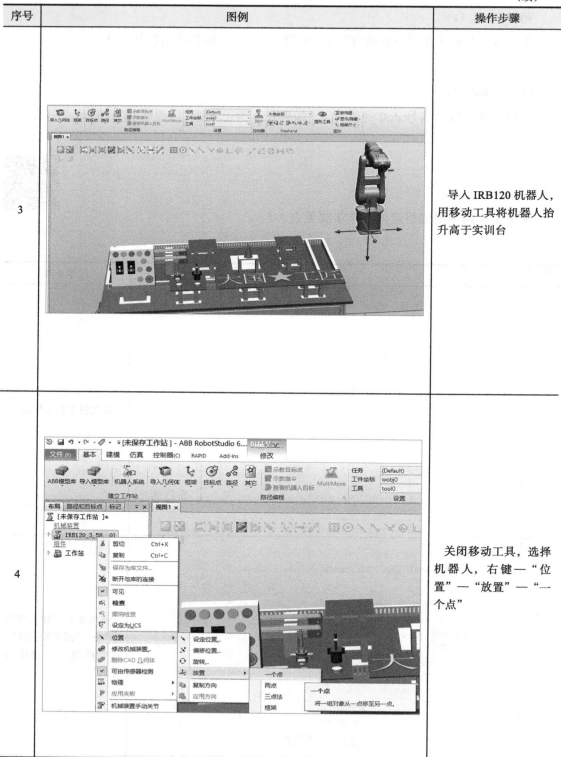	导入 IRB120 机器人，用移动工具将机器人抬升高于实训台
4		关闭移动工具，选择机器人，右键—"位置"—"放置"—"一个点"

（续）

序号	图例	操作步骤
5	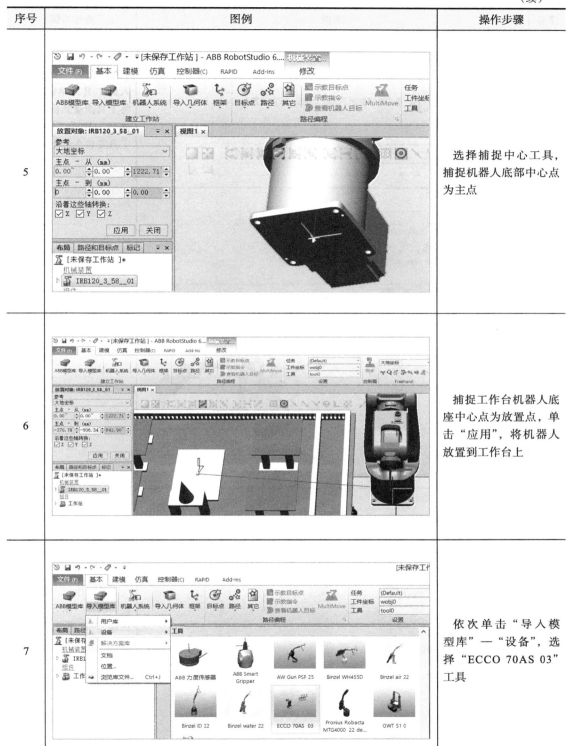	选择捕捉中心工具，捕捉机器人底部中心点为主点
6		捕捉工作台机器人底座中心点为放置点，单击"应用"，将机器人放置到工作台上
7		依次单击"导入模型库"—"设备"，选择"ECCO 70AS 03"工具

（续）

序号	图例	操作步骤
8	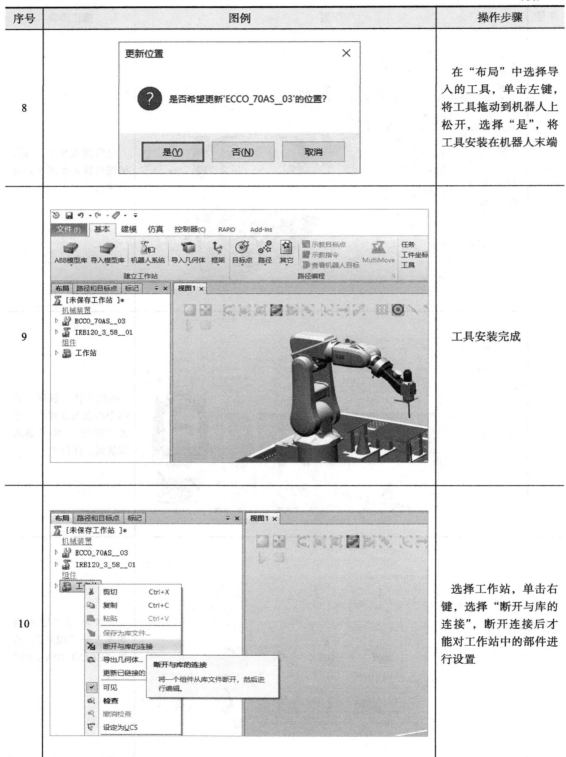	在"布局"中选择导入的工具，单击左键，将工具拖动到机器人上松开，选择"是"，将工具安装在机器人末端
9		工具安装完成
10		选择工作站，单击右键，选择"断开与库的连接"，断开连接后才能对工作站中的部件进行设置

（续）

序号	图例	操作步骤
11	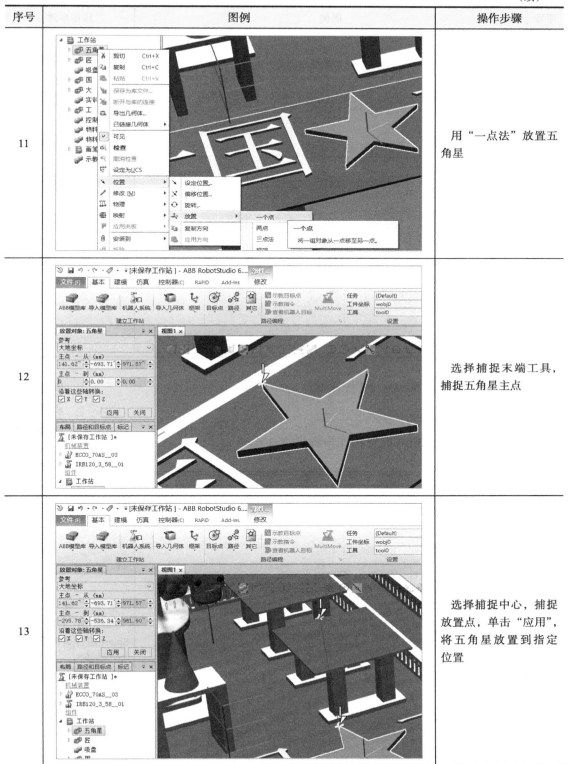	用"一点法"放置五角星
12		选择捕捉末端工具，捕捉五角星主点
13		选择捕捉中心，捕捉放置点，单击"应用"，将五角星放置到指定位置

（续）

序号	图例	操作步骤
14	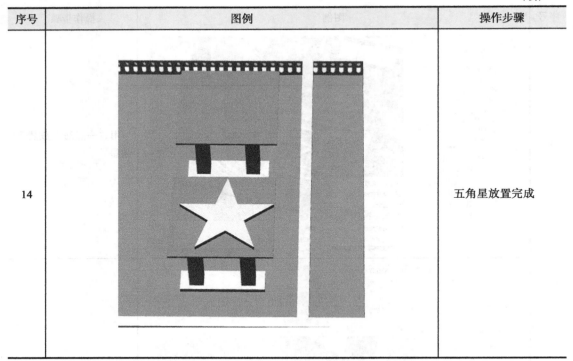	五角星放置完成

二、喷涂工作站 Smart 组件搭建

1. 喷涂工作站 Smart 组件配置

喷涂工作站 Smart 组件配置操作步骤见表 3-6。

表 3-6　喷涂工作站 Smart 组件配置操作步骤

序号	图例	操作步骤
1		单击"建模"—"Smart 组件"，将 Smart 组件名称重命名为"喷涂"

（续）

序号	图例	操作步骤
2	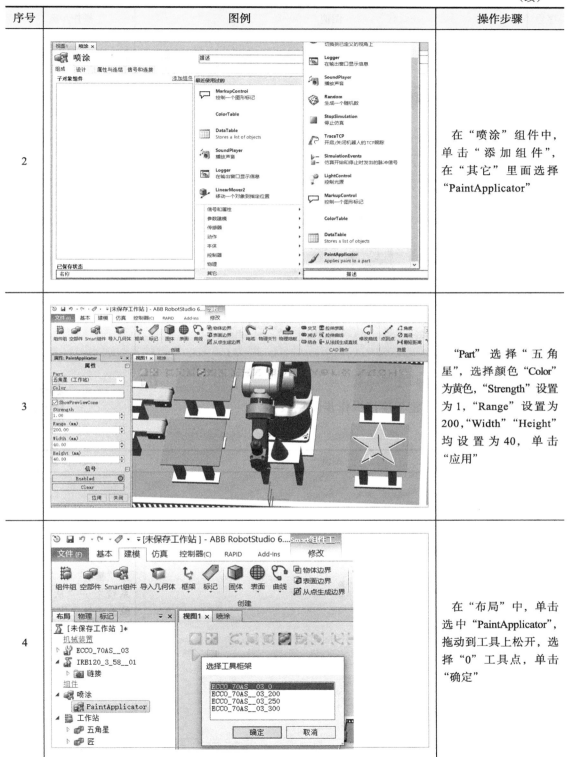	在"喷涂"组件中，单击"添加组件"，在"其它"里面选择"PaintApplicator"
3		"Part"选择"五角星"，选择颜色"Color"为黄色，"Strength"设置为1，"Range"设置为200，"Width""Height"均设置为40，单击"应用"
4		在"布局"中，单击选中"PaintApplicator"，拖动到工具上松开，选择"0"工具点，单击"确定"

（续）

序号	图例	操作步骤
5	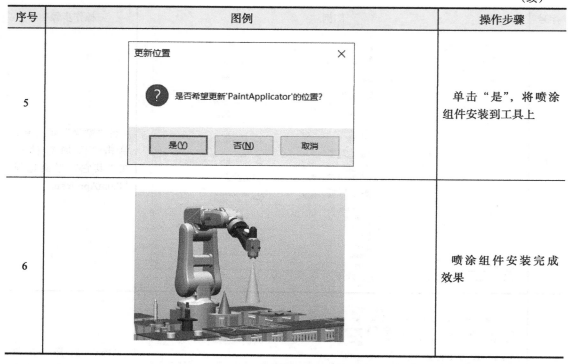	单击"是"，将喷涂组件安装到工具上
6		喷涂组件安装完成效果

2. 喷涂工作站信号创建与连接

喷涂工作站信号创建与连接操作步骤见表3-7。

表3-7　喷涂工作站信号创建与连接操作步骤

序号	图例	操作步骤
1	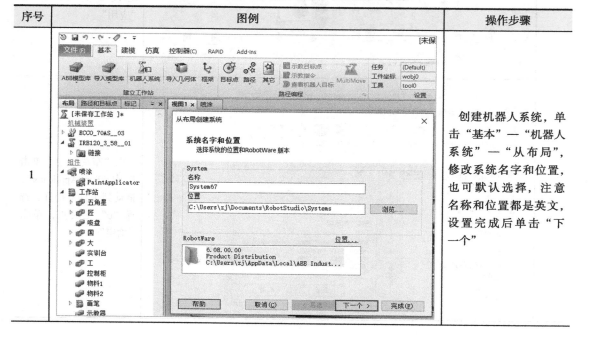	创建机器人系统，单击"基本"—"机器人系统"—"从布局"，修改系统名字和位置，也可默认选择，注意名称和位置都是英文，设置完成后单击"下一个"

（续）

序号	图例	操作步骤
2	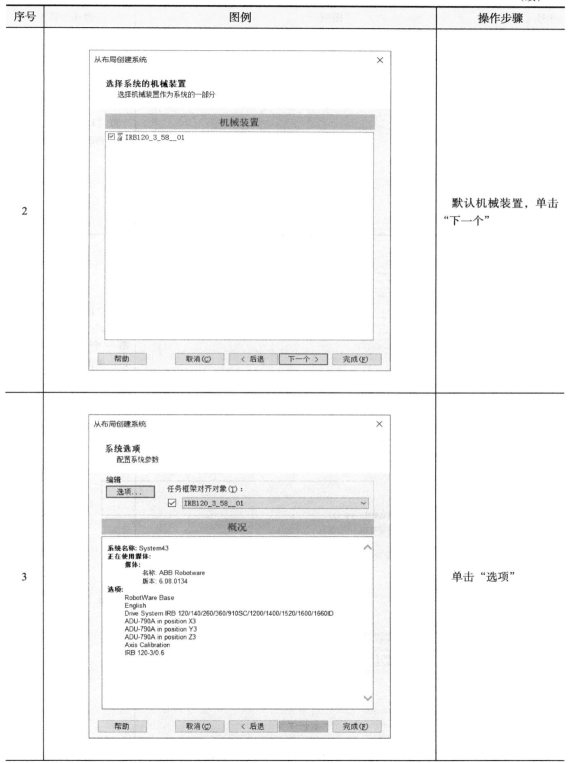	默认机械装置，单击"下一个"
3		单击"选项"

（续）

序号	图例	操作步骤
4	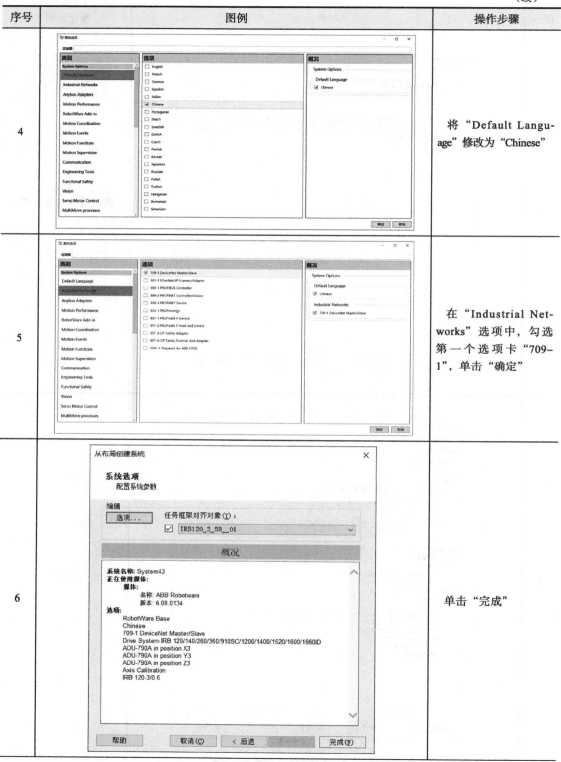	将"Default Language"修改为"Chinese"
5		在"Industrial Networks"选项中，勾选第一个选项卡"709-1"，单击"确定"
6		单击"完成"

（续）

序号	图例	操作步骤
7	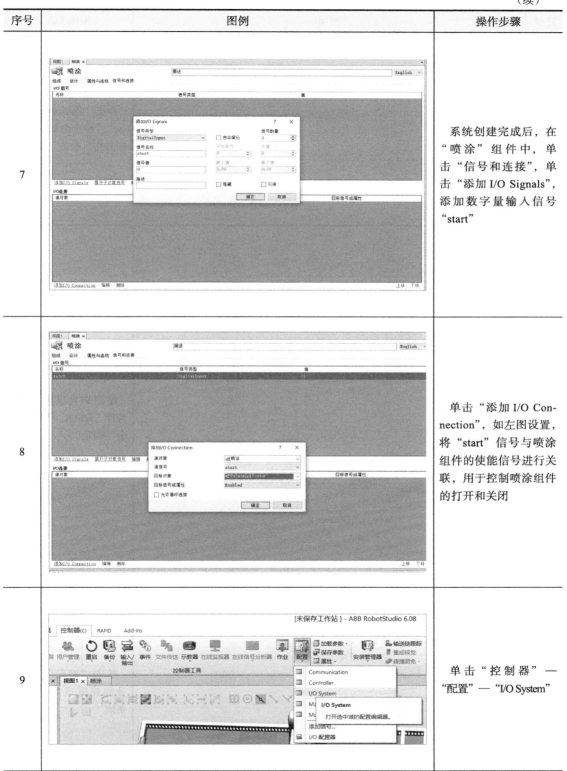	系统创建完成后，在"喷涂"组件中，单击"信号和连接"，单击"添加 I/O Signals"，添加数字量输入信号"start"
8		单击"添加 I/O Connection"，如左图设置，将"start"信号与喷涂组件的使能信号进行关联，用于控制喷涂组件的打开和关闭
9		单击"控制器"—"配置"—"I/O System"

（续）

序号	图例	操作步骤
10	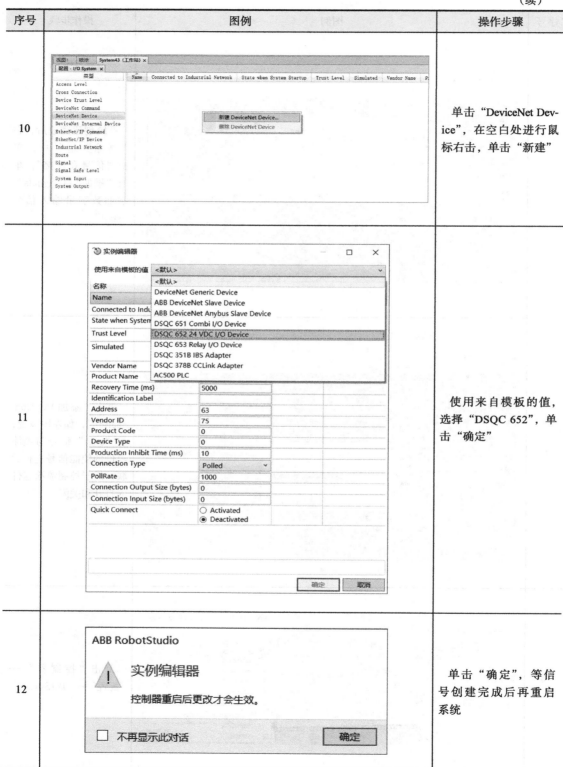	单击"DeviceNet Device",在空白处进行鼠标右击,单击"新建"
11		使用来自模板的值,选择"DSQC 652",单击"确定"
12		单击"确定",等信号创建完成后再重启系统

（续）

序号	图例	操作步骤
13		单击"Signal"，在任意位置进行鼠标右击，选择"新建 Signal"，
14		创建机器人数字量输出信号"do0"，地址为0，单击"确定"
15		单击"重启"，将机器人系统重启后，所创建的信号才能生效

（续）

序号	图例	操作步骤
16	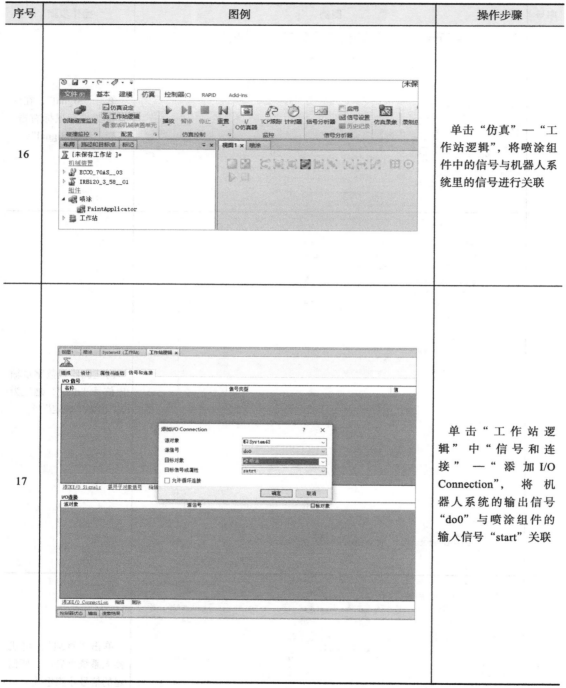	单击"仿真"—"工作站逻辑"，将喷涂组件中的信号与机器人系统里的信号进行关联
17		单击"工作站逻辑"中"信号和连接"—"添加 I/O Connection"，将机器人系统的输出信号"do0"与喷涂组件的输入信号"start"关联

三、喷涂工作站离线编程

喷涂工作站离线编程操作步骤见表3-8。

表 3-8　喷涂工作站离线编程操作步骤

序号	图例	操作步骤
1	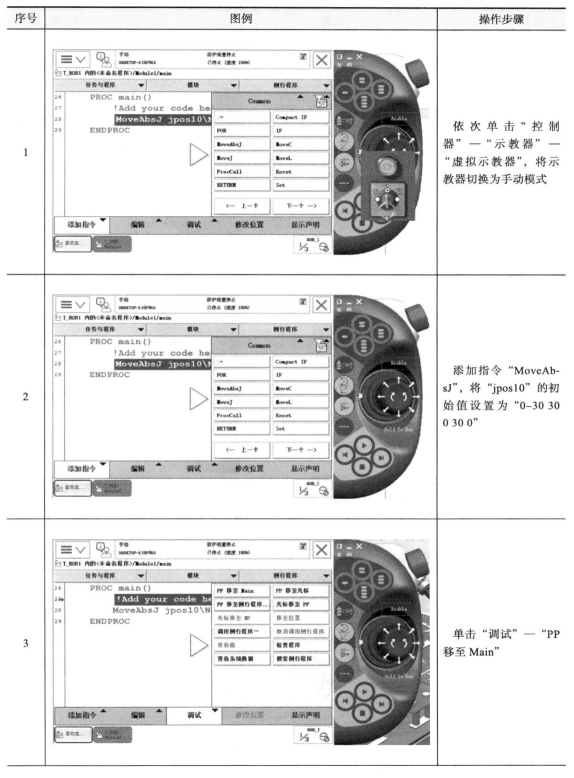	依次单击"控制器"—"示教器"—"虚拟示教器",将示教器切换为手动模式
2		添加指令"MoveAbsJ",将"jpos10"的初始值设置为"0~30 30 0 30 0"
3		单击"调试"—"PP移至 Main"

（续）

序号	图例	操作步骤
4	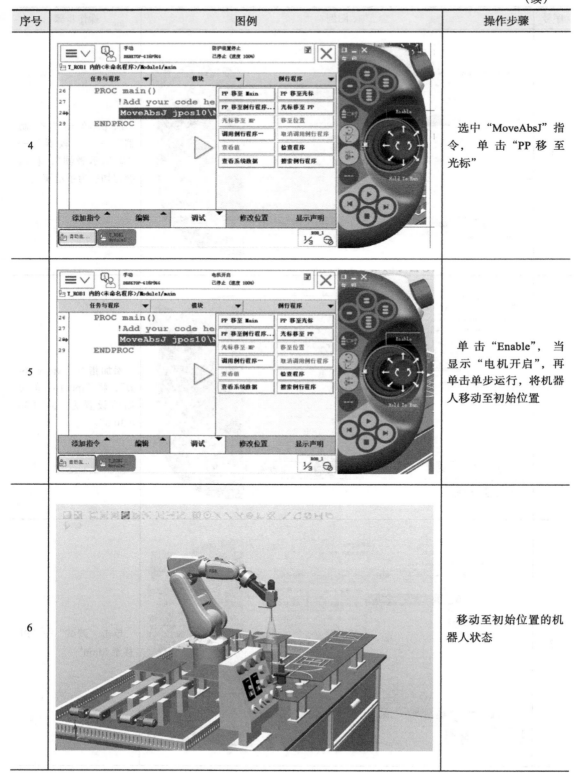	选中"MoveAbsJ"指令，单击"PP移至光标"
5		单击"Enable"，当显示"电机开启"，再单击单步运行，将机器人移动至初始位置
6		移动至初始位置的机器人状态

（续）

序号	图例	操作步骤
7	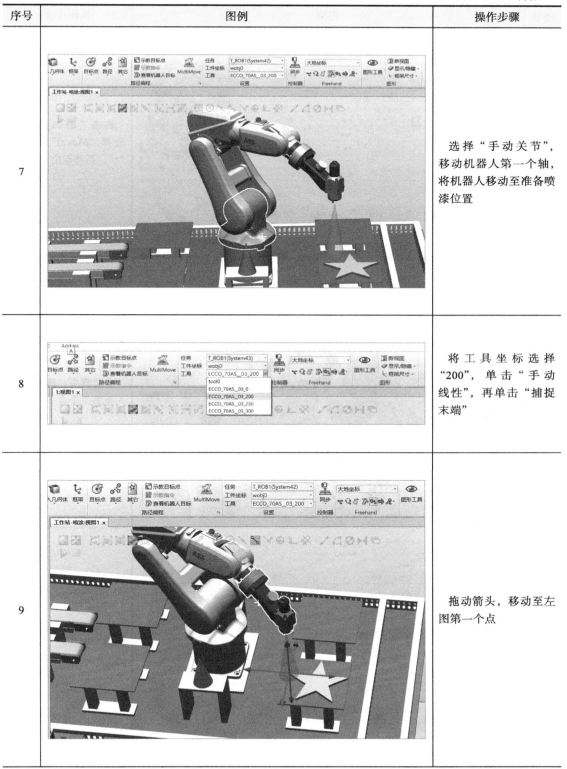	选择"手动关节"，移动机器人第一个轴，将机器人移动至准备喷漆位置
8		将工具坐标选择"200"，单击"手动线性"，再单击"捕捉末端"
9		拖动箭头，移动至左图第一个点

(续)

序号	图例	操作步骤
10	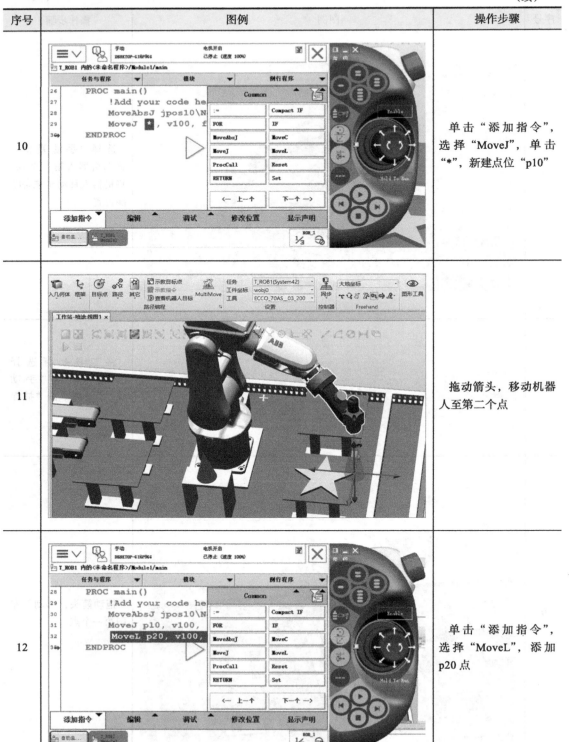	单击"添加指令"，选择"MoveJ"，单击"*"，新建点位"p10"
11		拖动箭头，移动机器人至第二个点
12		单击"添加指令"，选择"MoveL"，添加 p20 点

（续）

序号	图例	操作步骤
13	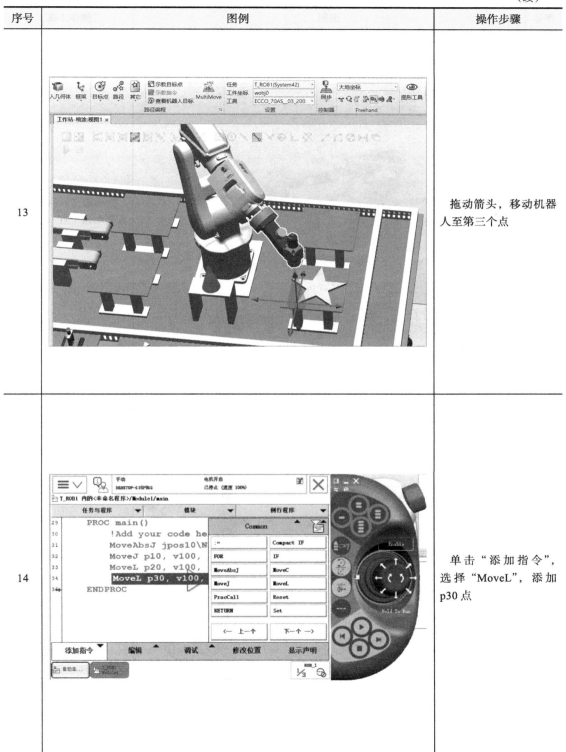	拖动箭头，移动机器人至第三个点
14		单击"添加指令"，选择"MoveL"，添加 p30 点

（续）

序号	图例	操作步骤
15	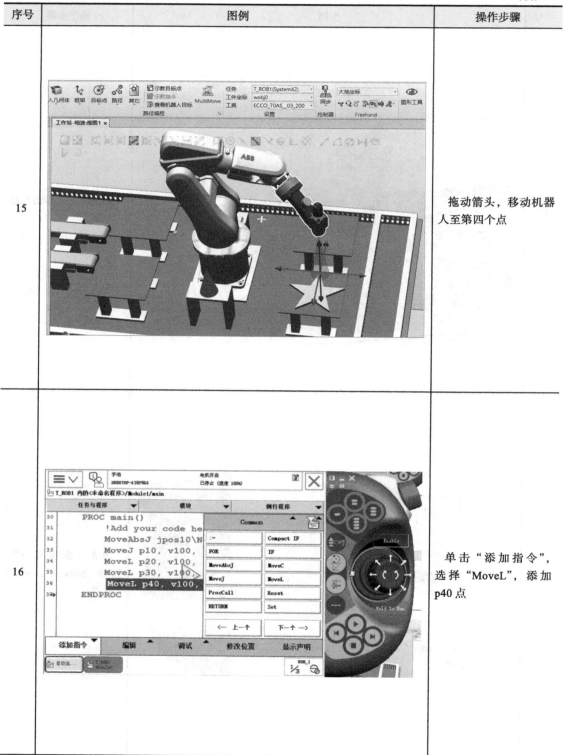	拖动箭头，移动机器人至第四个点
16		单击"添加指令"，选择"MoveL"，添加 p40 点

（续）

序号	图例	操作步骤
17	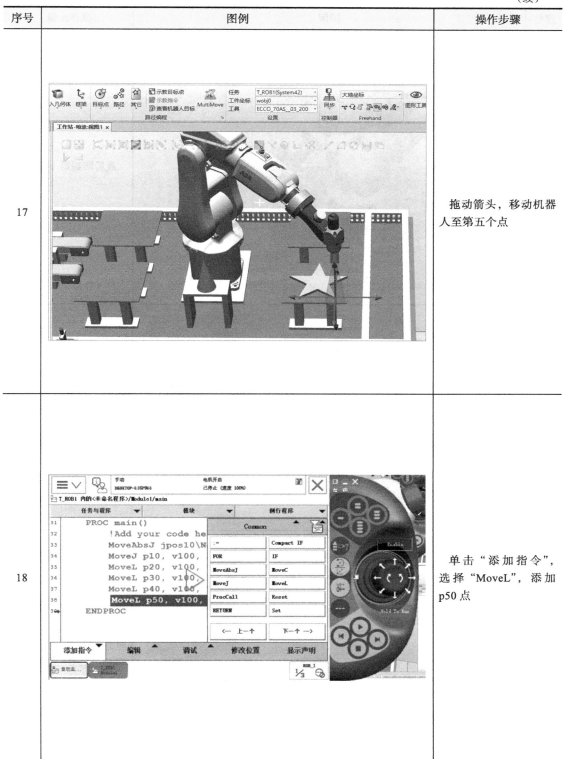	拖动箭头，移动机器人至第五个点
18		单击"添加指令"，选择"MoveL"，添加 p50 点

（续）

序号	图例	操作步骤
19	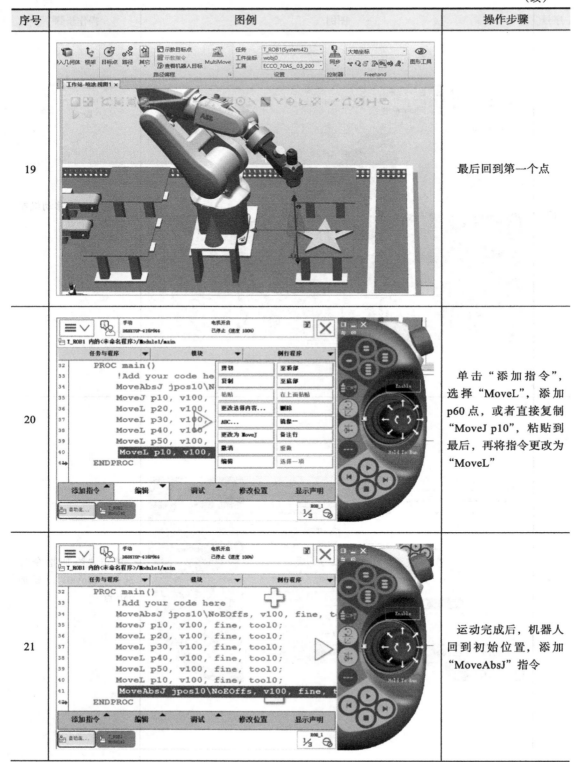	最后回到第一个点
20		单击"添加指令"，选择"MoveL"，添加 p60 点，或者直接复制"MoveJ p10"，粘贴到最后，再将指令更改为"MoveL"
21		运动完成后，机器人回到初始位置，添加"MoveAbsJ"指令

（续）

序号	图例	操作步骤
22	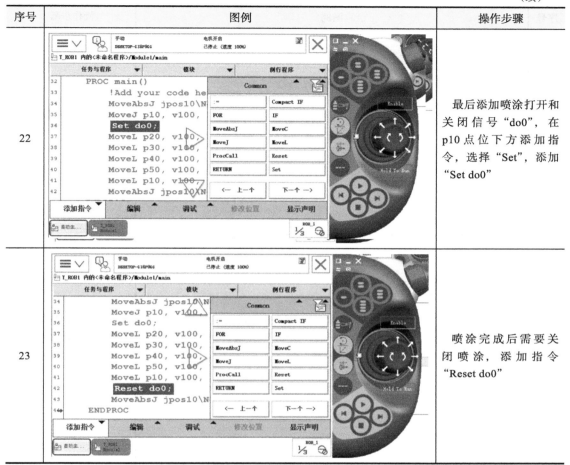	最后添加喷涂打开和关闭信号"do0"，在 p10 点位下方添加指令，选择"Set"，添加"Set do0"
23		喷涂完成后需要关闭喷涂，添加指令"Reset do0"

四、喷涂工作站仿真运行调试

喷涂工作站仿真运行调试操作步骤见表 3-9。

表 3-9　喷涂工作站仿真运行调试操作步骤

序号	图例	操作步骤
1		依次单击"仿真"—"仿真设定"，勾选需要仿真的对象

（续）

序号	图例	操作步骤
2	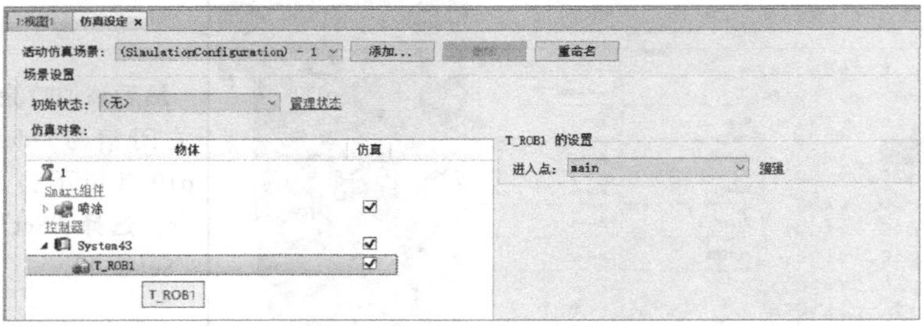	单击任务"T_ROB1"，选择进入点为"main"，单击"关闭"
3	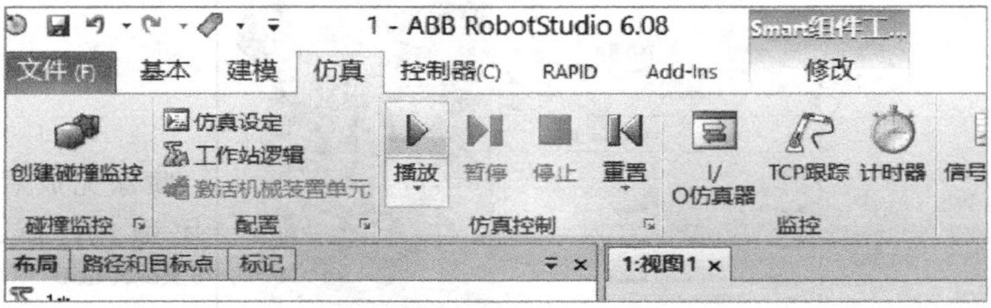	最后单击"播放"，查看仿真运行效果
4		仿真运行效果：将五角星喷涂为黄色

项目评价

项目 3 评价表见表 3-10。

表 3-10 　项目 3 评价表

序号	任务	考核要点	分值／分	评分标准	得分	备注
1	导入工作台、工业机器人及工具	正确找到并添加	10	正确找到并添加		
2	放置工业机器人并安装工具	将工业机器人正确放置在工作台并正确安装工具	10	采用"一点法"放置并正确安装工具		
3	放置五角星	将五角星置在指定位置	10	采用"一点法"放置		
4	创建喷涂组件	创建组件并安装	10	正确安装组件		
5	创建工业机器人系统	正确创建系统并添加相应的选项	10	正确创建机器人系统，添加系统选项		
6	创建组件信号及机器人系统信号	完成组件信号及机器人系统信号的创建	10	创建组件的输入信号、机器人系统的输出信号		
7	组件信号与机器人信号的关联	通过工作站逻辑将组件信号与机器人信号关联	10	正确关联组件信号与机器人信号		
8	创建机器人程序	完成机器人程序的编辑	10	程序包含绝对位置运动指令、关节运动指令及直线运动指令		
9	仿真运行	正确仿真运行	10	喷涂正确颜色，运行中无报错		
10	安全操作	符合上机实训操作要求	10	违反上机实训要求，一次扣 5 分		

思考与练习

1. 填空题（请将正确的答案填在题中的横线上）

1）指令模板中 MoveL 是_____运动指令；MoveJ 是_____运动指令。

2）创建工业机器人信号，系统需要_____后，信号才能使用。

2. 选择题（请将正确的答案填入括号中）

1）在机器人运动指令中，z50 是指（　　　）。

A. 运动方式 　　　　　　　　　　B. 速度数据

C. 转弯半径数据 　　　　　　　　D. 工具数据

2）在机器人运动指令中，v100是指（　　　　）。

A. 运动方式 　　　　　　　　　　B. 速度数据

C. 区域数据 　　　　　　　　　　D. 工具数据

3）在机器人运动指令中，tool0是指（　　　）

A. 运动方式 　　　　　　　　　　B. 速度数据

C. 区域数据 　　　　　　　　　　D. 工具数据

3. 简答题

1）什么是Smart组件？

2）如何将机器人系统信号与组件信号进行关联？

4. 练习题

完成对汽车模型喷涂的离线编程与仿真。

项目 4

写字工作站的离线编程及仿真

学习目标

知识目标：

1. 了解 ABB 工业机器人常用的坐标系。
2. 了解工业机器人自动路径的获取方法。
3. 理解什么是目标点和示教指令。

能力目标：

1. 能够使用测量工具完成模型距离、角度及半径等测量。
2. 能够正确创建机器人工具坐标。
3. 能够调整轨迹所有目标点的参考方向。
4. 能够对写字工作站系统进行仿真调试。

素质目标：

1. 培养学生的空间想象力和逻辑思维能力。
2. 培养学生精益求精的工匠精神。

项目描述

本项目是利用机器人完成写字任务，工业机器人写字与涂胶作业类似，都是基于连续工艺状态下的运动控制，常常需要实现长距离不规则曲线轨迹运动。机器人离线轨迹编程可以根据三维模型的曲线特征自动转换为机器人的运行轨迹，对提高编程效率、保证轨迹精度具有重要意义。

本项目以"大国工匠"中的"大"字为例，完成自动路径的创建及仿真运行。

知识学习

一、工业机器人坐标系

在工业机器人应用系统中，根据不同作业内容、轨迹路径等方面的要求，对机器人的示教或手动操作是在不同的坐标系下进行的。ABB 工业机器人主要有以下几个坐标系：

1）大地坐标系。大地坐标系与机器人的运动无关，是以大地为参照的固定坐标系。

2）基坐标系。基坐标系是以机器人底座安装面为参照的坐标系。在默认情况下，基坐标系与大地坐标系是一致的。

3）工具坐标系。工具坐标系是以安装在机器人机械接口上的工具或末端执行器为参照的坐标系。

4）工件坐标系。工件坐标系是以被加工零件为参照的坐标系。工业机器人可以拥有若干个工件坐标系，表示不同工件，或表示同一工件在不同位置的副本。

5）用户坐标系。用户坐标系是以机器人作业现场作为参照的坐标系。

二、调整工业机器人目标点

有时用同一种方法很难一次将目标点调整到位，尤其对工具姿态要求较高的工艺场合，通常通过综合运用多种方法进行多次调整。可以先将某个目标点调整好，其他目标点可以参考这个目标点进行方向对准。

三、工业机器人设置指令

1. VelSet——改变编程速度

VelSet 的作用是增加或减少所有后续运动指令的速度。该指令也被用来限制最大 TCP 速度。

```
VelSet 50，800;
MoveL p1，v1000，z10，tool1;
MoveL p2，v2000，z10，tool1;
```

将所有的编程速度降至指令中值的 50%。不允许 TCP 速率超过 800mm/s。到达点 p1 的速度为 500mm/s，到达点 p2 的速度为 800mm/s。

2. AccSet——降低加速度

AccSet 用于搬运易碎品或减轻振动和路径误差。它能放慢加减速的增减率，从而让机器人的运动更加平顺。

```
AccSet 50，100;
```

将加速度限制在正常值的 50%。

```
AccSet 100，50;
```

加速度增减率被限制在正常值的 50%，这意味着需要 2 倍的时间才能达到相应的加速度。

3. ConfJ——关节运动下监测机械配置

ConfJ（Configuration Joint）用于确定在关节运动期间，机械臂的配置是否得到控制。如果未受到控制，则可以使用不同的轴配置使机器人运动到指定位置。

使用 ConfJ\Off，当机械臂无法通过当前轴配置运行到指定位置时，该指令会自动分配一个轴配置使机械臂达到该位置，该轴配置最接近轴 4 和轴 6 原有的机械配置。

ConfJ\Off；

MoveJ ∗，v1000，fine，tool1；

机械臂关节运动至编程位置和方位，如果可通过不同的轴配置，以若干种不同的方式达到该位置，则可能选择最接近的位置。

ConfJ\On；

MoveJ ∗，v1000，fine，tool1；

机器人通过关节运动移动到编程设置的位置、姿态，当不可能从当前位置达到编程配置时，停止程序执行。

4. ConfL——线性运动下监测机械配置

ConfL（Configuration Linear）用于确定在线性运动期间，机械臂的配置是否得到控制。如果未受到控制，则机械臂有时可以使用不同的轴配置使机器人运动到指定位置。

ConfL\On；

MoveL ∗，v1000，fine，tool1；

机器人通过线性运动移动到编程设置的位置、姿态，当不可能从当前位置达到编程配置时，停止程序执行。

ConfL\Off；

MoveL ∗，v1000，fine，tool1；

机械臂线性运动至编程位置和方位，如果可通过不同的轴配置，以若干种不同的方式达到该位置，则可能选择最接近的位置。

项目实施

一、写字工作站模型搭建

1. 写字工作站布局

写字工作站布局的操作步骤见表 4-1。

表 4-1　写字工作站布局的操作步骤

序号	图例	操作步骤
1		首先创建空工作站
2		依次单击"导入模型库"—"浏览库文件",找到写字工作站进行导入
3		导入 IRB120 机器人,用移动工具将机器人抬升高于实训台

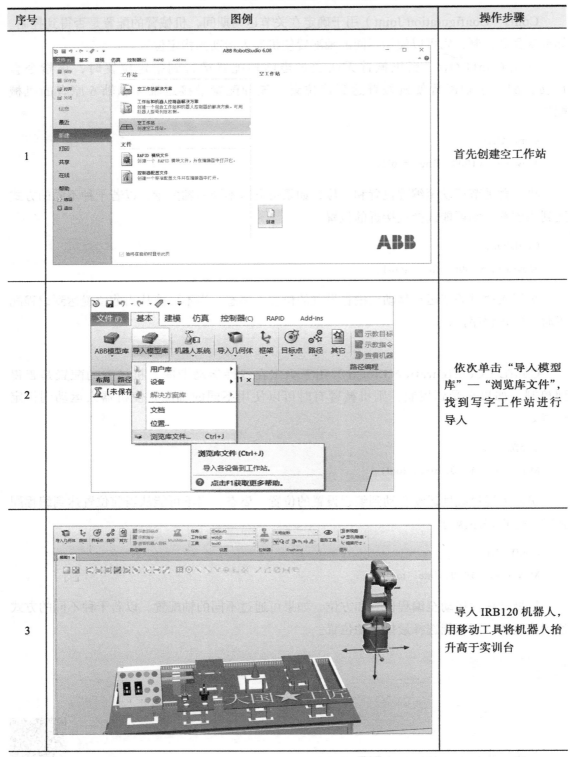

（续）

序号	图例	操作步骤
4	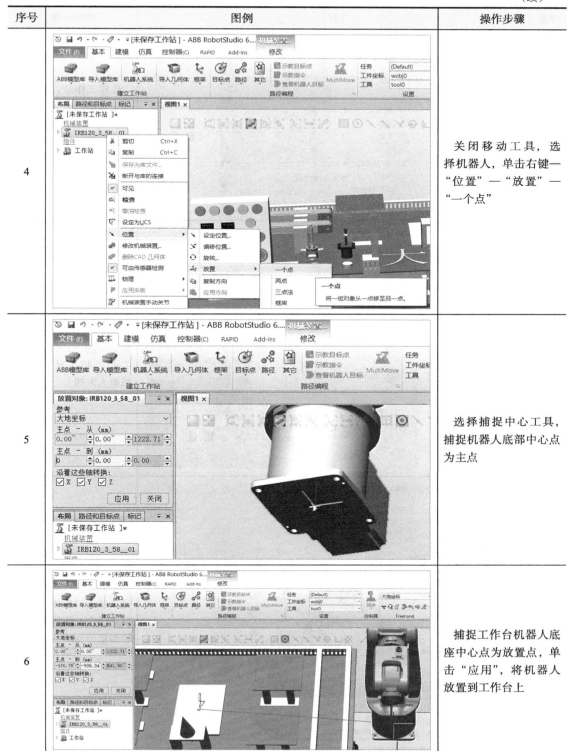	关闭移动工具，选择机器人，单击右键—"位置"—"放置"—"一个点"
5		选择捕捉中心工具，捕捉机器人底部中心点为主点
6		捕捉工作台机器人底座中心点为放置点，单击"应用"，将机器人放置到工作台上

（续）

序号	图例	操作步骤
7	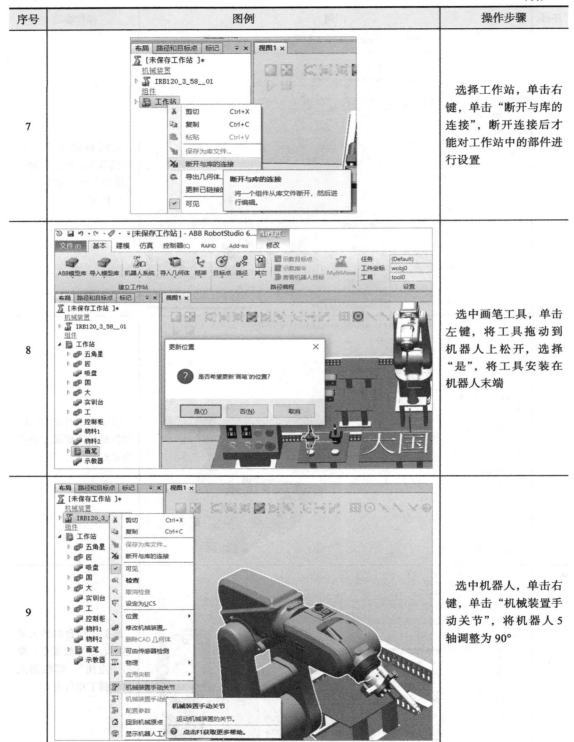	选择工作站，单击右键，单击"断开与库的连接"，断开连接后才能对工作站中的部件进行设置
8		选中画笔工具，单击左键，将工具拖动到机器人上松开，选择"是"，将工具安装在机器人末端
9		选中机器人，单击右键，单击"机械装置手动关节"，将机器人5轴调整为90°

（续）

序号	图例	操作步骤
10	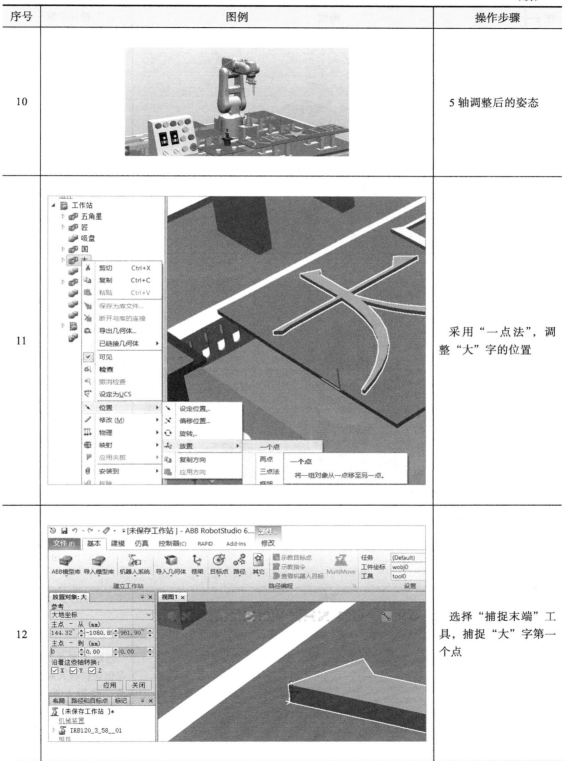	5 轴调整后的姿态
11		采用"一点法"，调整"大"字的位置
12		选择"捕捉末端"工具，捕捉"大"字第一个点

（续）

序号	图例	操作步骤
13	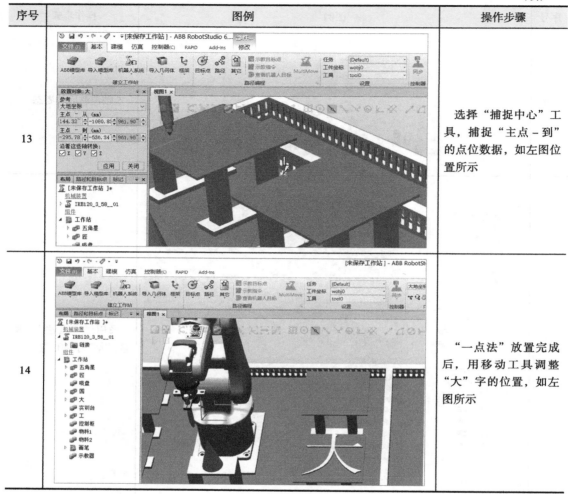	选择"捕捉中心"工具，捕捉"主点－到"的点位数据，如左图位置所示
14		"一点法"放置完成后，用移动工具调整"大"字的位置，如左图所示

2. 创建工具坐标

创建工具坐标的操作步骤见表 4-2。

表 4-2　创建工具坐标的操作步骤

序号	图例	操作步骤
1		创建工具坐标之前，先创建机器人系统，单击"机器人系统"—"从布局"

（续）

序号	图例	操作步骤
2	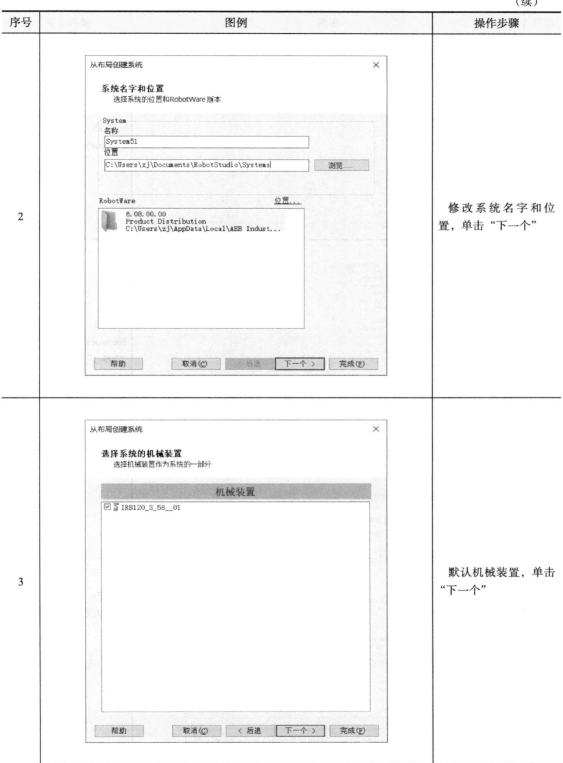	修改系统名字和位置，单击"下一个"
3		默认机械装置，单击"下一个"

（续）

序号	图例	操作步骤
4	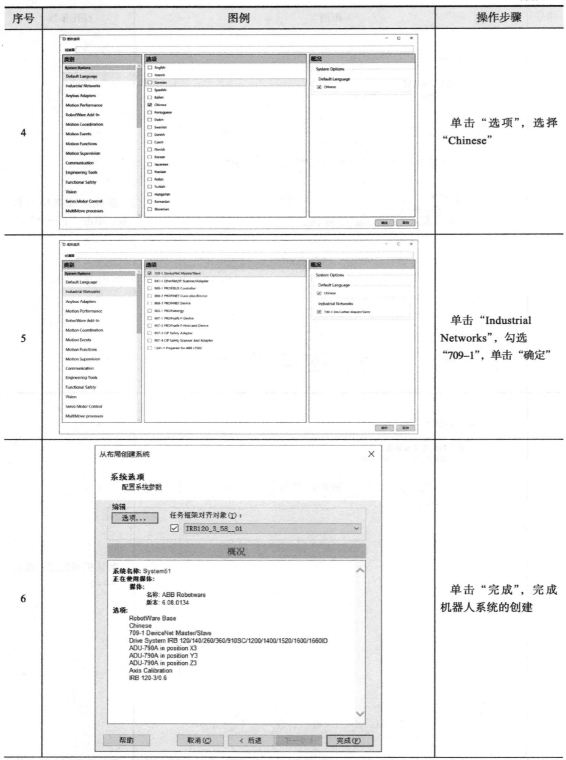	单击"选项"，选择"Chinese"
5		单击"Industrial Networks"，勾选"709-1"，单击"确定"
6		单击"完成"，完成机器人系统的创建

（续）

序号	图例	操作步骤
7	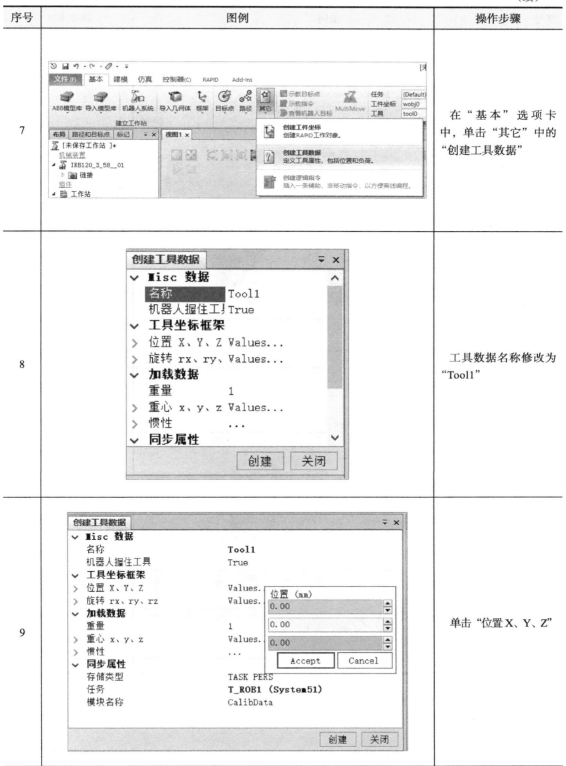	在"基本"选项卡中，单击"其它"中的"创建工具数据"
8		工具数据名称修改为"Tool1"
9		单击"位置 X、Y、Z"

(续)

序号	图例	操作步骤
10	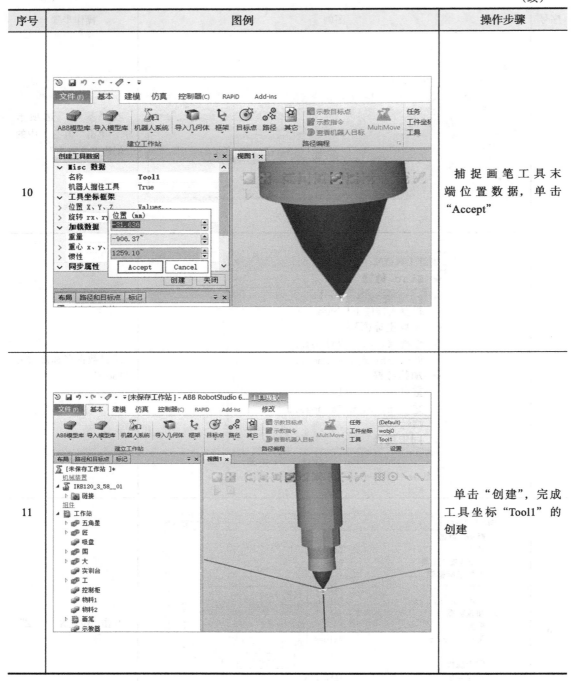	捕捉画笔工具末端位置数据，单击"Accept"
11		单击"创建"，完成工具坐标"Tool1"的创建

二、写字工作站离线编程

1. 创建写字工作站自动路径

创建写字工作站自动路径操作步骤见表4-3。

表 4-3　创建写字工作站自动路径操作步骤

序号	图例	操作步骤
1	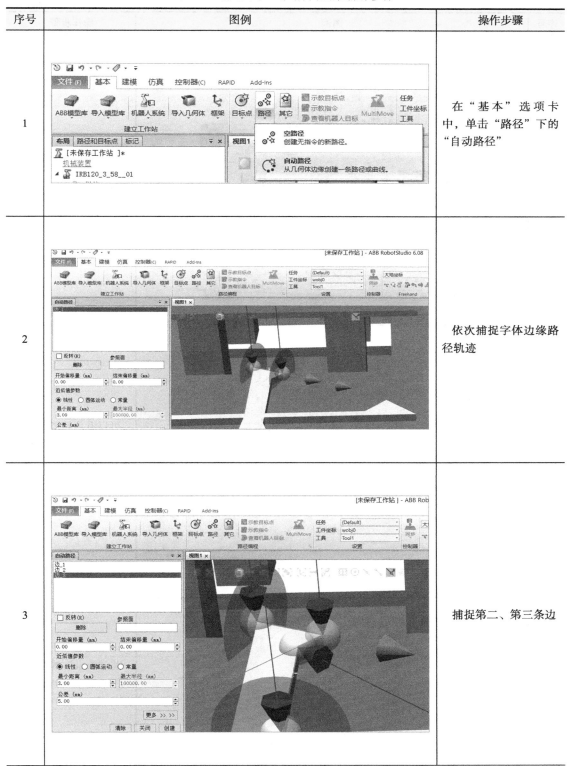	在"基本"选项卡中，单击"路径"下的"自动路径"
2		依次捕捉字体边缘路径轨迹
3		捕捉第二、第三条边

(续)

序号	图例	操作步骤
4	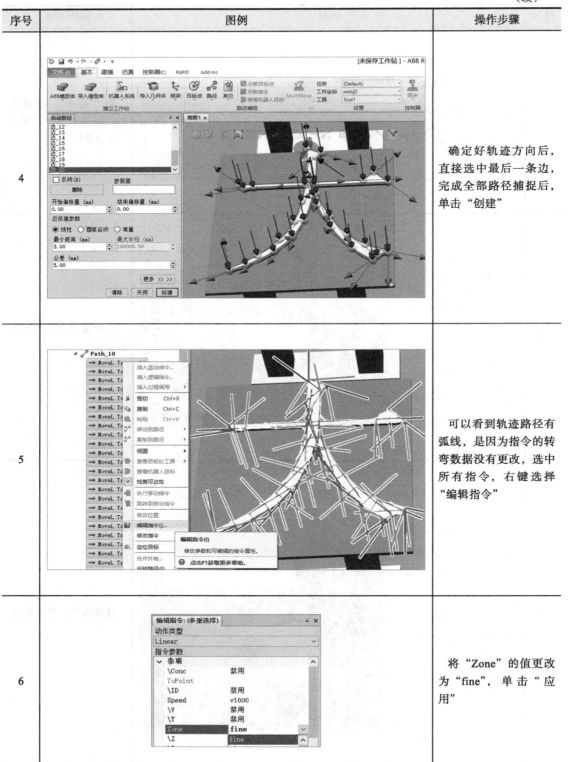	确定好轨迹方向后，直接选中最后一条边，完成全部路径捕捉后，单击"创建"
5		可以看到轨迹路径有弧线，是因为指令的转弯数据没有更改，选中所有指令，右键选择"编辑指令"
6		将"Zone"的值更改为"fine"，单击"应用"

（续）

序号	图例	操作步骤
7	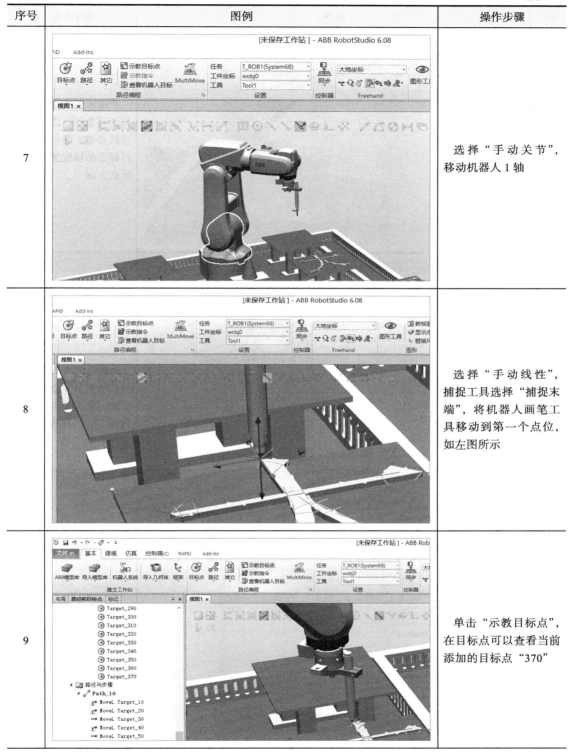	选择"手动关节"，移动机器人 1 轴
8		选择"手动线性"，捕捉工具选择"捕捉末端"，将机器人画笔工具移动到第一个点位，如左图所示
9		单击"示教目标点"，在目标点可以查看当前添加的目标点"370"

（续）

序号	图例	操作步骤
10	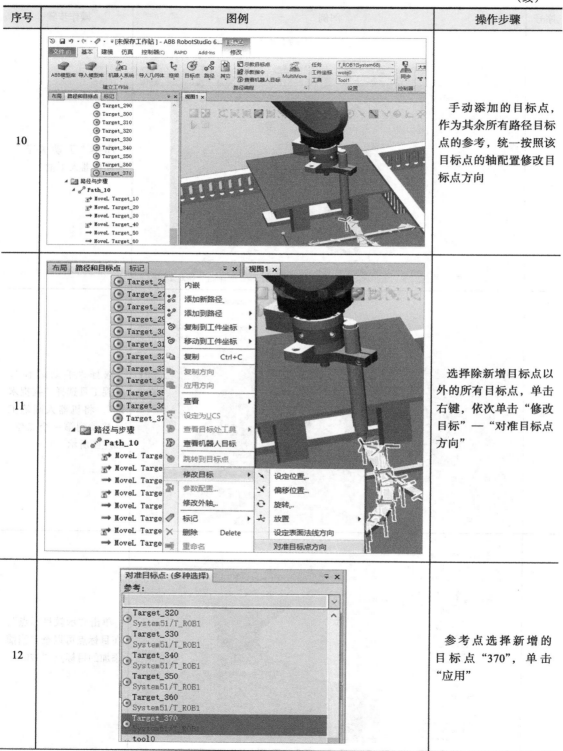	手动添加的目标点，作为其余所有路径目标点的参考，统一按照该目标点的轴配置修改目标点方向
11		选择除新增目标点以外的所有目标点，单击右键，依次单击"修改目标"—"对准目标点方向"
12		参考点选择新增的目标点"370"，单击"应用"

（续）

序号	图例	操作步骤
13	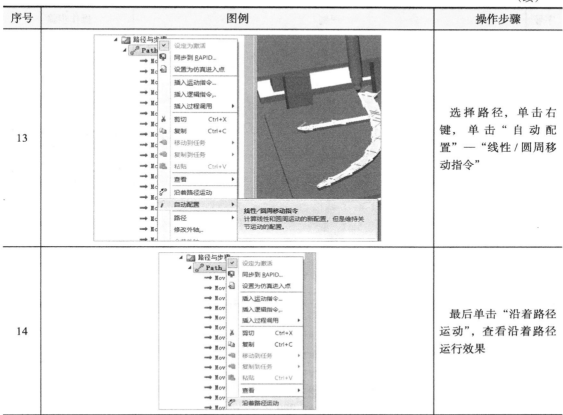	选择路径，单击右键，单击"自动配置"—"线性/圆周移动指令"
14		最后单击"沿着路径运动"，查看沿着路径运行效果

2. 写字工作站程序编辑

写字工作站程序编辑操作步骤见表 4-4。

表 4-4　写字工作站程序编辑操作步骤

序号	图例	操作步骤
1	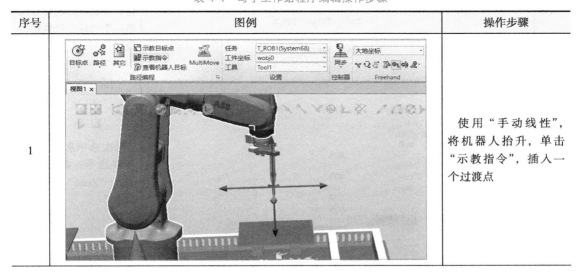	使用"手动线性"，将机器人抬升，单击"示教指令"，插入一个过渡点

（续）

序号	图例	操作步骤
2	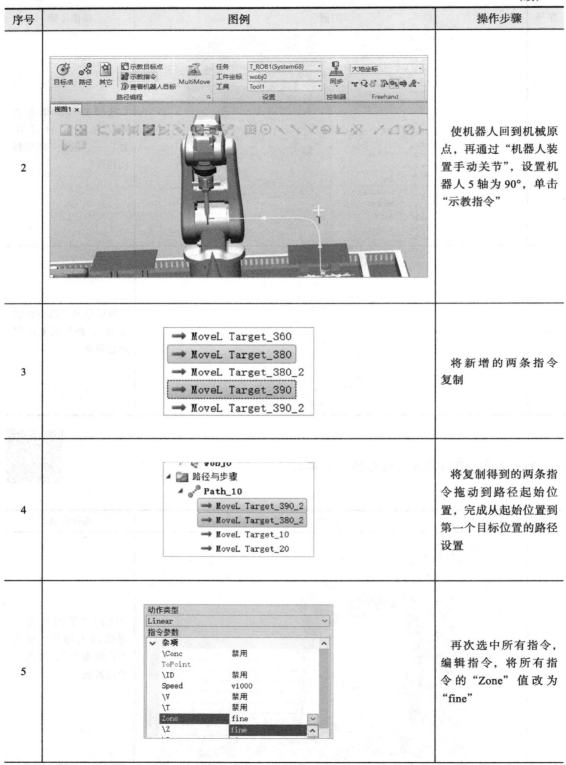	使机器人回到机械原点，再通过"机器人装置手动关节"，设置机器人5轴为90°，单击"示教指令"
3	→ MoveL Target_360 → MoveL Target_380 → MoveL Target_380_2 → MoveL Target_390 → MoveL Target_390_2	将新增的两条指令复制

4	▲ 🗀 wobj0
	 ▲ 🗀 路径与步骤
	  ▲ 🔵 Path_10
	   → MoveL Target_390_2
	   → MoveL Target_380_2
	   → MoveL Target_10
	   → MoveL Target_20
		将复制得到的两条指令拖动到路径起始位置，完成从起始位置到第一个目标位置的路径设置

5	动作类型 Linear 指令参数 ∨ 杂项 \Conc 禁用 ToPoint \ID 禁用 Speed v1000 \V 禁用 \T 禁用 Zone fine \Z fine	再次选中所有指令，编辑指令，将所有指令的"Zone"值改为"fine"

（续）

序号	图例	操作步骤
6	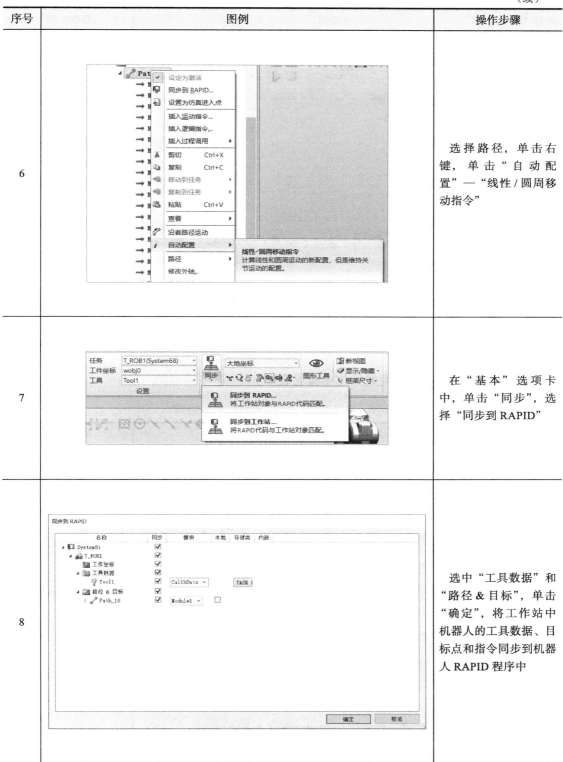	选择路径，单击右键，单击"自动配置"—"线性 / 圆周移动指令"
7		在"基本"选项卡中，单击"同步"，选择"同步到 RAPID"
8		选中"工具数据"和"路径 & 目标"，单击"确定"，将工作站中机器人的工具数据、目标点和指令同步到机器人 RAPID 程序中

（续）

序号	图例	操作步骤
9	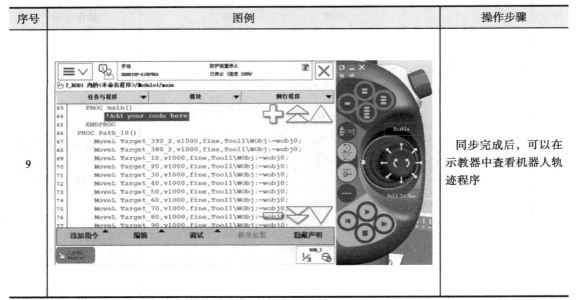	同步完成后，可以在示教器中查看机器人轨迹程序

三、写字工作站 Smart 组件搭建

1. 写字工作站 Smart 组件配置

写字工作站 Smart 组件配置操作步骤见表 4-5。

表 4-5　写字工作站 Smart 组件配置操作步骤

序号	图例	操作步骤
1	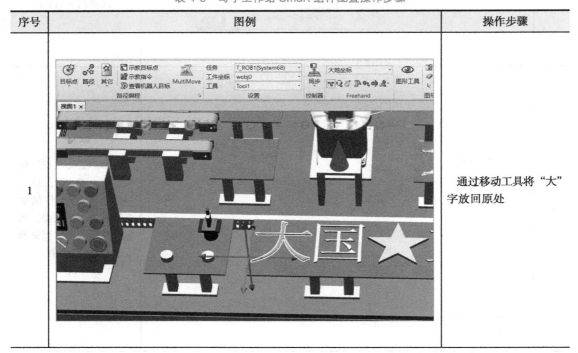	通过移动工具将"大"字放回原处

（续）

序号	图例	操作步骤
2	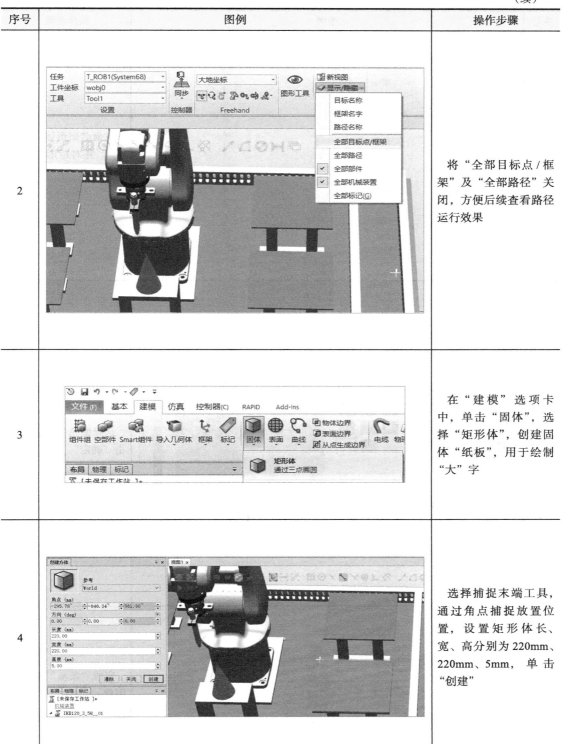	将"全部目标点/框架"及"全部路径"关闭，方便后续查看路径运行效果
3		在"建模"选项卡中，单击"固体"，选择"矩形体"，创建固体"纸板"，用于绘制"大"字
4		选择捕捉末端工具，通过角点捕捉放置位置，设置矩形体长、宽、高分别为220mm、220mm、5mm，单击"创建"

（续）

序号	图例	操作步骤
5	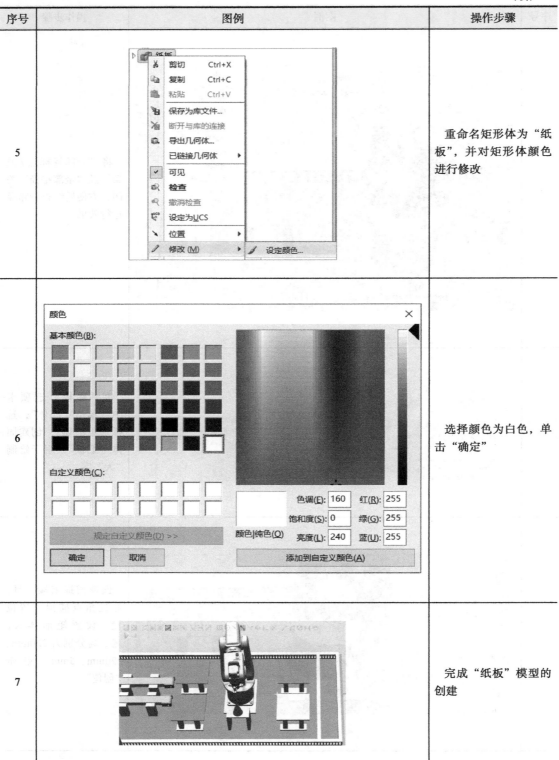	重命名矩形体为"纸板"，并对矩形体颜色进行修改
6		选择颜色为白色，单击"确定"
7		完成"纸板"模型的创建

（续）

序号	图例	操作步骤
8	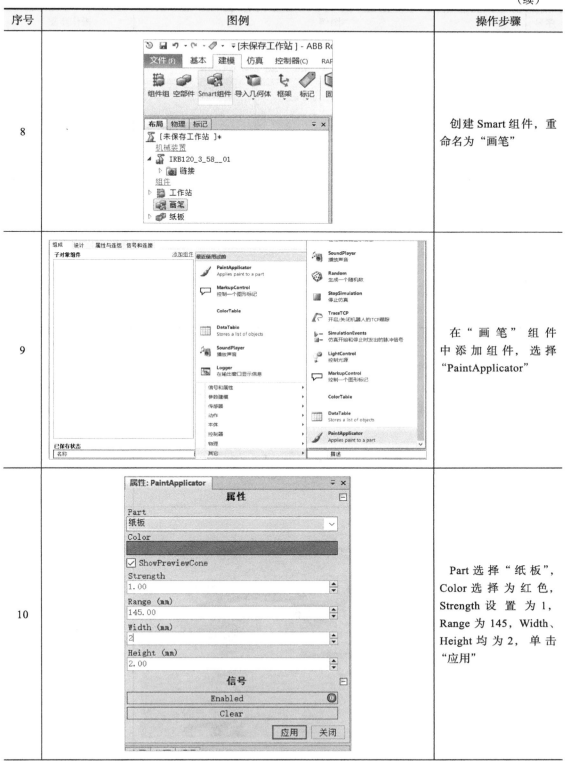	创建 Smart 组件，重命名为"画笔"
9		在"画笔"组件中添加组件，选择"PaintApplicator"
10		Part 选择"纸板"，Color 选择为红色，Strength 设置为1，Range 为 145，Width、Height 均为 2，单击"应用"

（续）

序号	图例	操作步骤
11	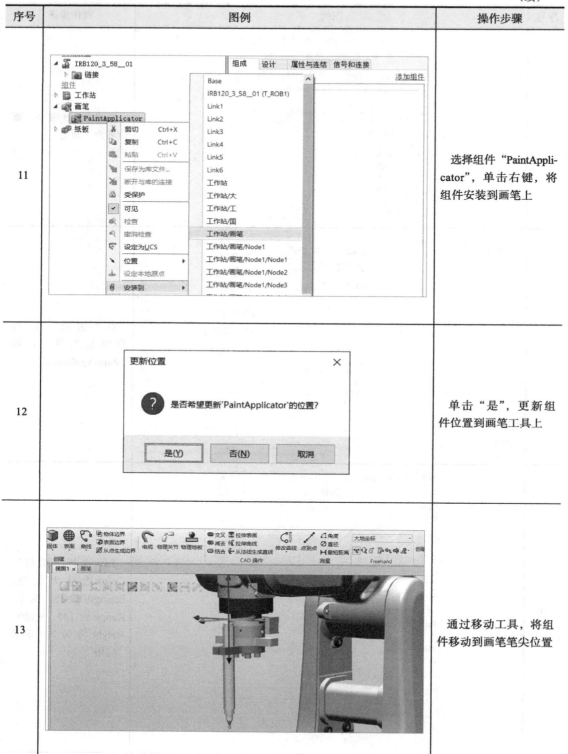	选择组件"PaintApplicator"，单击右键，将组件安装到画笔上
12		单击"是"，更新组件位置到画笔工具上
13		通过移动工具，将组件移动到画笔笔尖位置

（续）

序号	图例	操作步骤
14	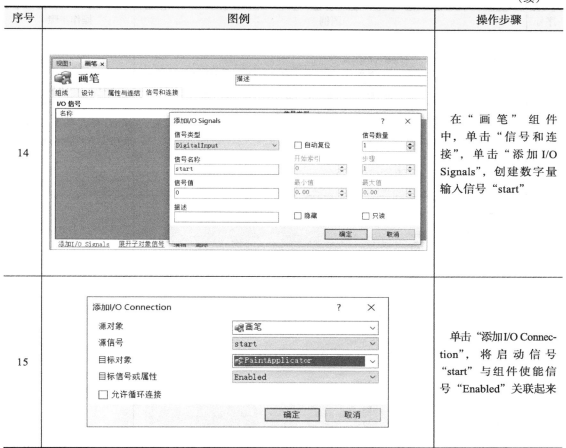	在"画笔"组件中，单击"信号和连接"，单击"添加 I/O Signals"，创建数字量输入信号"start"
15		单击"添加 I/O Connection"，将启动信号"start"与组件使能信号"Enabled"关联起来

2. 写字工作站信号创建与连接

写字工作站信号创建与连接操作步骤见表 4-6。

表 4-6　写字工作站信号创建与连接操作步骤

序号	图例	操作步骤
1		在"控制器"选项卡中，单击"配置"——"I/O System"

（续）

序号	图例	操作步骤
2		选择"DeviceNet De-vice"，在空白处单击右键，单击"新建 DeviceNet Device"
3		使用来自模板的值，选择"DSQC 652"，单击"确定"
4		选择"Signal"，单击右键，单击"新建 Signal"

（续）

序号	图例	操作步骤
5		配置信号名称为"do0"，如左图配置信号其余参数，单击"确定"
6		单击"重启"，系统重启后，信号才能生效
7		单击"仿真"—"工作站逻辑"
8		单击"添加 I/O Connection"，将机器人输出信号"do0"与组件启动信号"start"关联起来

四、写字工作站仿真运行、调试

1. 写字工作站仿真运行

写字工作站仿真运行操作步骤见表 4-7。

表 4-7 写字工作站仿真运行操作步骤

序号	图例	操作步骤
1	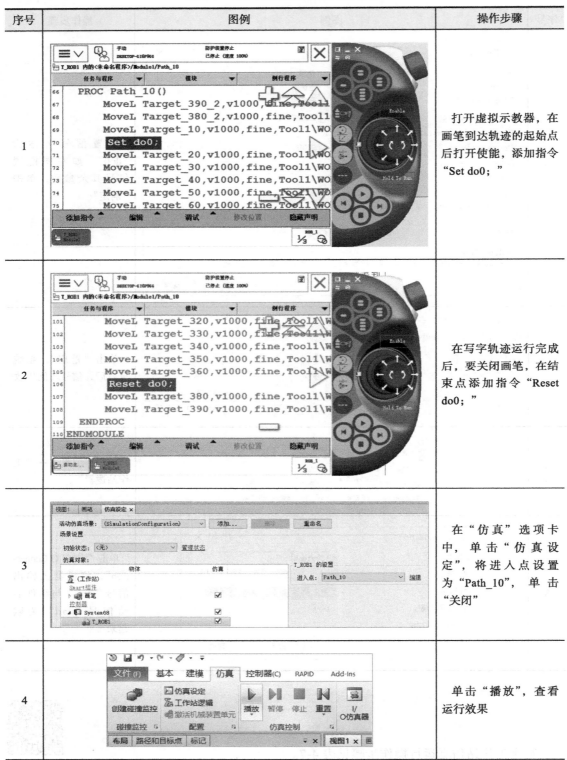	打开虚拟示教器，在画笔到达轨迹的起始点后打开使能，添加指令"Set do0；"
2		在写字轨迹运行完成后，要关闭画笔，在结束点添加指令"Reset do0；"
3		在"仿真"选项卡中，单击"仿真设定"，将进入点设置为"Path_10"，单击"关闭"
4		单击"播放"，查看运行效果

（续）

序号	图例	操作步骤
5	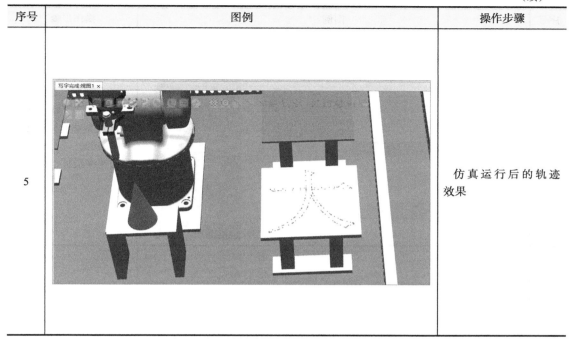	仿真运行后的轨迹效果

2. 写字工作站运行调试

写字工作站运行调试操作步骤见表 4-8。

表 4-8　写字工作站运行调试操作步骤

序号	图例	操作步骤
1	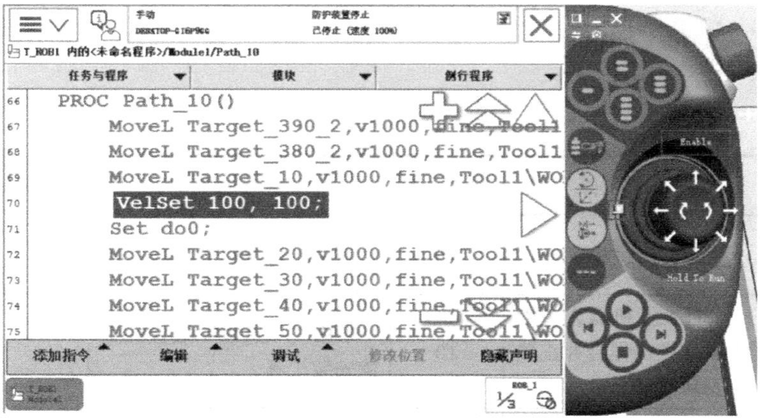	在开始写字之前，添加机器人速度设置指令"VelSet 100，100；"，将本条指令后的所有指令运行速度限制最大为 100

（续）

序号	图例	操作步骤
2	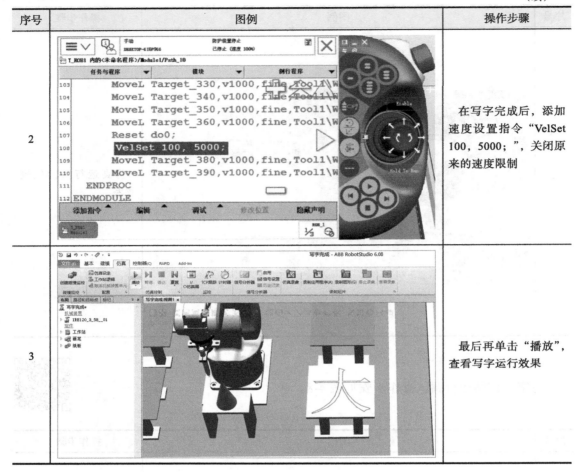	在写字完成后，添加速度设置指令"VelSet 100，5000；"，关闭原来的速度限制
3		最后再单击"播放"，查看写字运行效果

项目评价

项目 4 评价表见表 4-9。

表 4-9 项目 4 评价表

序号	任务	考核要点	分值 / 分	评分标准	得分	备注
1	导入工作台、工业机器人及工具	正确找到并添加	10	正确找到并添加		
2	放置工业机器人并安装工具	将工业机器人正确放置在工作台并正确安装工具	10	采用"一点法"放置并正确安装工具		
3	放置"大"字模型	将字体模型放置在指定位置	10	采用"一点法"放置		

（续）

序号	任务	考核要点	分值／分	评分标准	得分	备注
4	创建喷涂组件	创建组件并安装	10	正确安装组件		
5	创建工业机器人系统	正确创建系统并添加相应的选项	10	正确创建机器人系统，添加系统选项		
6	创建组件信号及机器人系统信号	完成组件信号及机器人系统信号的创建	10	创建组件的输入信号、机器人系统的输出信号		
7	组件信号与机器人信号的关联	通过工作站逻辑将组件信号与机器人信号关联	10	正确关联组件信号与机器人系统信号		
8	创建自动轨迹程序	完成自动轨迹的编辑	10	程序包括起始点程序、轨迹程序及回起始点程序		
9	仿真运行	正确仿真运行	10	正确运行字体轨迹，运行中无报错		
10	安全操作	符合上机实训操作要求	10	违反上机实训要求，一次扣 5 分		

思考与练习

1. 填空题（请将正确的答案填在题中的横线上）

1）在查看轴配置是否有错误时，在"配置参数"中选择_____，查看是否存在轴配置错误。

2）字体边缘曲线自动生成机器人运动轨迹，但机器人暂时不能直接按照此条轨迹运行，所以要_____后才能运行。

2. 选择题（请将正确答案填入括号中）

1）机器人作业路径通常用（　　　）坐标系相对于工件坐标系的运动来描述。

A. 手爪　　　　　　　B. 大地　　　　　　　C. 运动　　　　　　　D. 工具

2）RobotStudio 软件的测量功能不包括（　　　）。

A. 直径　　　　　　　B. 角度　　　　　　　C. 重心　　　　　　　D. 最短距离

3）（　　　）不是机器人常用坐标系。

A. 环境坐标系　　　B. 基坐标系　　　　　C. 工具坐标系　　　D. 工件坐标系

4）处理目标点时可以批量进行，按（　　　）＋鼠标左键选中剩余的所有目标点，然后再统一进行调整。

A. Alt　　　　　　　B. Ctrl　　　　　　　C. Shift　　　　　　　D. Shift+Ctrl

5）批量处理目标点时，选择要处理的目标点，右击后还要选择"修改目标"中的（　　　）。

A. 对准目标点方向

B. 设置表面法线方向

C. 对准框架方向

D. 转换目标点到工件坐标

3. 简答题

1）简述机器人速度控制指令 VelSet 的功能和用法。

2）简述机器人轴配置监控指令 ConfJ、ConfL 的功能和用法。

4. 练习题

完成"大国工匠"中其余字体的轨迹仿真。

项目 5

搬运码垛工作站的离线编程及仿真

学习目标

知识目标：

1. 熟悉搬运码垛工作站的布局。
2. 熟悉循环指令和偏移函数的使用。

能力目标：

1. 能够正确创建动态输送链和吸盘的 Smart 组件。
2. 能够运用机器人的各种指令完成搬运码垛程序的编写。
3. 能够进行搬运码垛工作站逻辑设置。
4. 能够对搬运码垛工作站系统进行仿真调试。

素质目标：

1. 培养学生系统化思考和规划布局的能力。
2. 培养学生高效编程和优化算法的能力。
3. 培养学生吃苦耐劳、坚持不懈的工作作风。

项目描述

本项目是利用机器人完成搬运码垛任务，机器人搬运码垛作业常见于食品、饮料、加工和物流仓储等行业生产线物料的堆放，码垛机器人的码垛过程基本相同。

本项目通过对物料的抓取放置来介绍搬运码垛的编程方法和技巧。

知识学习

一、程序流程控制指令

1. FOR 循环指令（重复给定的次数）

FOR 循环指令用于一个或多个指令重复多次的时候。循环计数器在各循环的增量（或减量）值（通常为整数值），如果未指定，则自动将步进值设置为 1。

```
FOR i FROM 1 TO 10 DO
    routine1;
ENDFOR
```

重复 routine1 无返回值程序 10 次。

2. WHILE 循环指令（只要……便重复）

WHILE 循环指令用于在给定的条件表达式评估为 TRUE 时，重复执行一系列指令。

```
WHILE reg1 <reg2 DO
    ...
    reg1: =reg1+1;
ENDWHILE
```

只要 reg1 <reg2，则重复 WHILE 块中的指令。

3. IF 条件判断指令（如果满足条件，那么……，否则……）

IF 条件判断指令用于根据是否满足条件，执行不同指令的时候。

```
IF reg1>5 THEN
        Set do1;
        Set do2;
ENDIF
```

仅当 reg1 大于 5 时，设置信号 do1 和 do2。

```
IF reg1>5 THEN
    Set do1;
    Set do2;
ELSE
    Reset do1;
    Reset do2;
ENDIF
```

根据 reg1 是否大于 5，设置或重置信号 do1 和 do2。

4. Compact IF（如果满足条件，那么……<一个指令>）

```
IF reg1>5 GOTO next;
```

如果 reg1 大于 5，在 next 标签处继续程序执行。

```
IF counter>10 Set do1;
```

如果 counter>10，则设置 do1 信号。

5. GOTO 跳转指令（转到新的指令）

GOTO 用于将程序执行转移到相同程序内的另一线程（标签）。

```
reg1: =1;
next:
...
```

```
reg1：=reg1+1；
IF reg1<=5 GOTO next；
```

将执行转移至 next 4 次（reg1=2、3、4、5）。

```
IF reg1>100 THEN
GOTO highvalue
ELSE
GOTO lowvalue
ENDIF
lowvalue：
...
GOTO ready；
highvalue：
...
ready：
```

如果 reg1 大于 100，则将执行转移至标签 highvalue，否则，将执行转移至标签 lowvalue。

6. TEST 条件判断

根据表达式或数据的值，当需要执行不同的指令时，使用 TEST。如果没有太多的替代选择，则也可使用 IF...ELSE 指令。

```
TEST reg1
CASE 1：
Routine1；
CASE 2：
Routine2；
CASE 3：
Routine3；
CASE 4：
Routine4；
DEFAULT：
TPWrite "Illegal choice"；
Stop；
ENDTEST
```

根据 reg1 的值，执行不同的指令。如果该值为 1，则执行 Routine1；如果该值为 2，则执行 Routine2；如果该值为 3，则执行 Routine3；如果该值为 4，则执行 Routine4，否则，打印出错误消息，并停止执行。

二、偏移函数指令 Offs

Offs 用于在一个机械臂位置的工件坐标系中添加一个偏移量。

MoveL Offs（p2，0，0，10），v1000，z50，tool1；

将机械臂移动至距位置 p2（沿 z 方向）10mm 的一个点。

p1：=Offs（p1，5，10，15）;

机械臂位置 p1 沿 x 方向移动 5mm，沿 y 方向移动 10mm，且沿 z 方向移动 15mm。

Offs（Point XOffset YOffset ZOffset），具体说明见表 5-1。

表 5-1　Offs 函数参数说明

参数	数据类型	说明
Point	robtarget	待移动的位置数据
XOffset	num	工件坐标系中 x 方向的位移
YOffset	num	工件坐标系中 y 方向的位移
ZOffset	num	工件坐标系中 z 方向的位移

项目实施

一、搬运码垛工作站模型搭建

搬运码垛工作站布局的操作步骤见表 5-2。

表 5-2　搬运码垛工作站布局的操作步骤

序号	图例	操作步骤
1	ABB RobotStudio 6.08 界面（新建空工作站）	首先创建空工作站

（续）

序号	图例	操作步骤
2	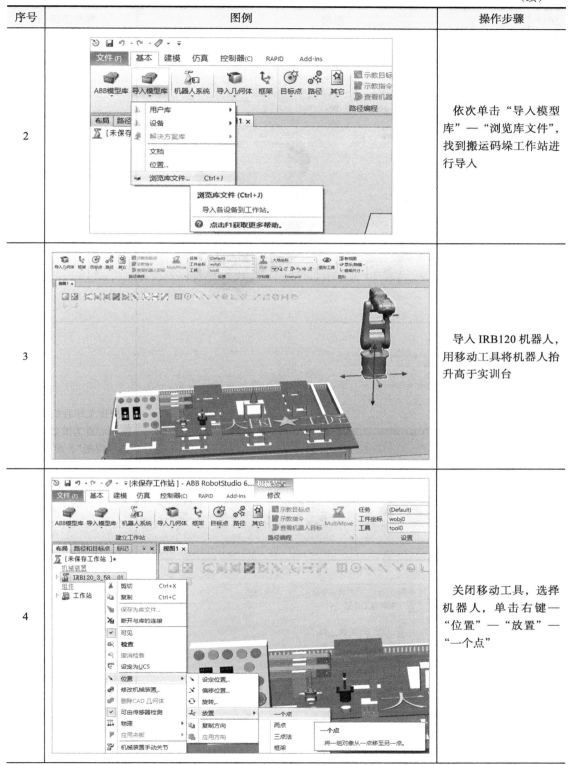	依次单击"导入模型库"—"浏览库文件"，找到搬运码垛工作站进行导入
3		导入 IRB120 机器人，用移动工具将机器人抬升高于实训台
4		关闭移动工具，选择机器人，单击右键—"位置"—"放置"—"一个点"

（续）

序号	图例	操作步骤
5	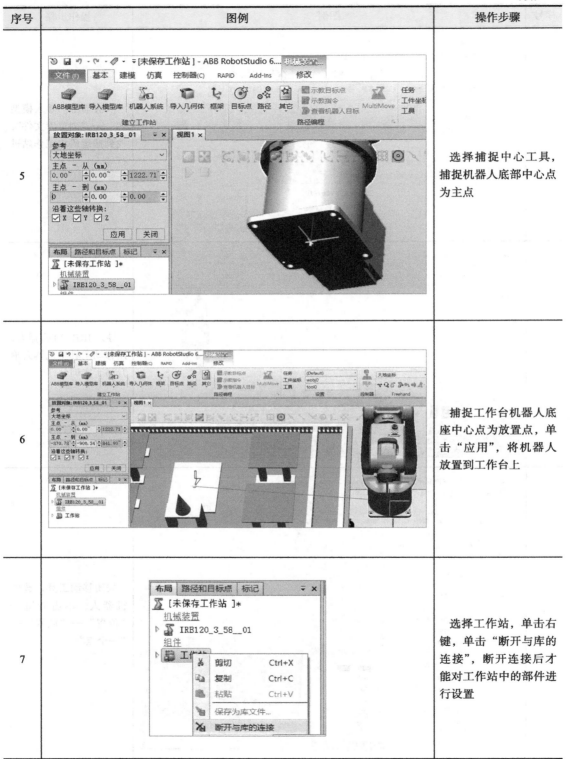	选择捕捉中心工具，捕捉机器人底部中心点为主点
6		捕捉工作台机器人底座中心点为放置点，单击"应用"，将机器人放置到工作台上
7		选择工作站，单击右键，单击"断开与库的连接"，断开连接后才能对工作站中的部件进行设置

（续）

序号	图例	操作步骤
8		选中吸盘工具，单击左键，将工具拖动到机器人上松开，选择"是"，将工具安装在机器人末端
9		选中机器人，单击右键，单击"机械装置手动关节"，将机器人 5 轴调整为 90°
10		5 轴调整后的姿态

（续）

序号	图例	操作步骤
11	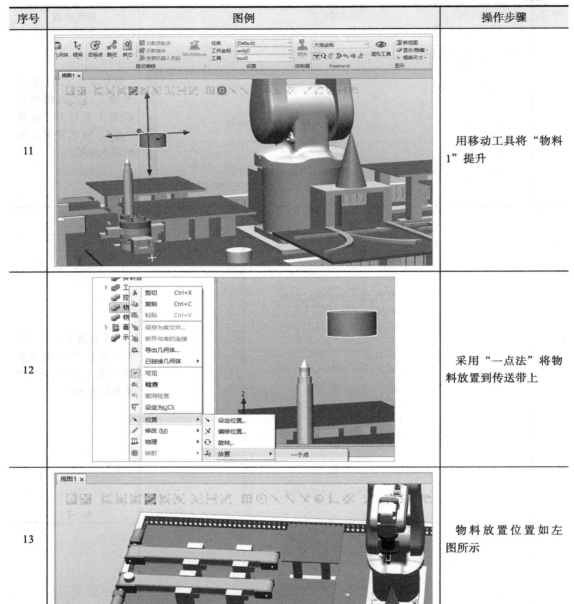	用移动工具将"物料1"提升
12		采用"一点法"将物料放置到传送带上
13		物料放置位置如左图所示

二、搬运码垛工作站 Smart 组件搭建

1. 动态输送链 Smart 组件配置

动态输送链效果包括输送链末端的产品源源不断产生复制品，模拟产品不断传送到输送链上；产品随着输送链的运动而运动；产品输送到输送链前端时，能被检测到而自动停止运行；产品被机器人抓走后输送链继续运送产品到输送链前端，依次循环。

（1）输送链产品源的设置　Smart 组件的子组件"Source"专门用于"创建一个图形

组件的复制"，这里即运用这个子组件进行产品源的设置，具体操作步骤见表 5-3。

表 5-3　输送链产品源的设置步骤

序号	图例	设置步骤
1		在"建模"选项卡中，单击"Smart 组件"，新建一个 Smart 组件，并命名为"传送带"
2		单击"添加组件"，选择"动作"中的"Source"选项
3		将物料 1 从组件组中拖动出来，在弹出的对话框中选择"否"，不进行重新定位，如左图所示，方便选择产品源

（续）

序号	图例	设置步骤
4	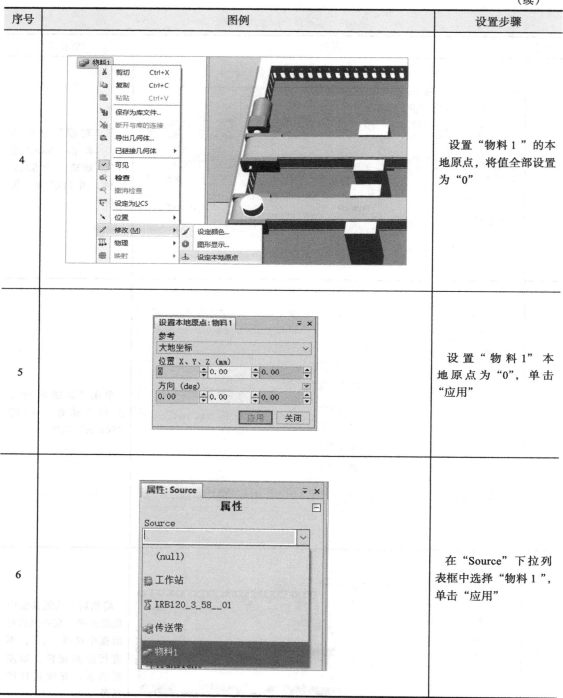	设置"物料1"的本地原点，将值全部设置为"0"
5		设置"物料1"本地原点为"0"，单击"应用"
6		在"Source"下拉列表框中选择"物料1"，单击"应用"

（2）创建输送链的运动属性 子组件"Queue"可以将同类型物体做队列处理，将产品源的复制品作为 Queue 随着输送链运动。子组件"LinearMover"表示线性运动，可以用于产生输送链的运动。具体操作步骤见表5-4。

表 5-4　创建输送链运动属性的操作步骤

序号	图例	操作步骤
1	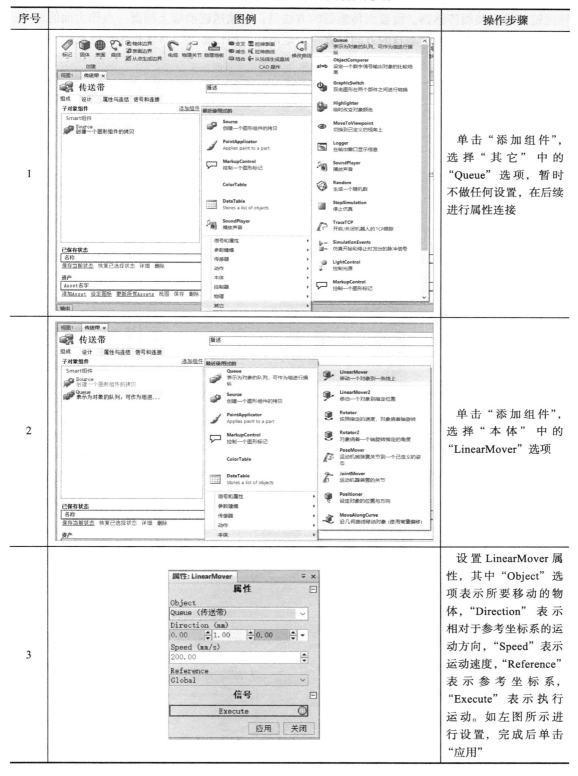	单击"添加组件"，选择"其它"中的"Queue"选项，暂时不做任何设置，在后续进行属性连接
2		单击"添加组件"，选择"本体"中的"LinearMover"选项
3		设置 LinearMover 属性，其中"Object"选项表示所要移动的物体，"Direction"表示相对于参考坐标系的运动方向，"Speed"表示运动速度，"Reference"表示参考坐标系，"Execute"表示执行运动。如左图所示进行设置，完成后单击"应用"

（3）输送链面传感器的设置　当产品随着输送链运动到前端时能自动停止，这就要求在输送链前端安装面传感器。设置面传感器的方法是：在输送链前端上捕捉一点作为面的原点，然后基于此点，沿着两个垂直的方向设置一个矩形作为面传感器，具体操作步骤见表5-5。

表 5-5　设置输送链面传感器的操作步骤

序号	图例	操作步骤
1		单击"添加组件"，选择"传感器"中的"PlaneSensor"选项
2	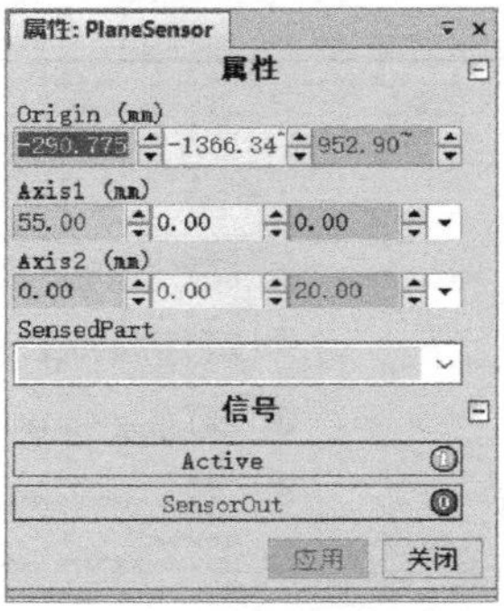	"Origin"是将要创建的面传感器的原点，"Axis1"和"Axis2"中的数值用于确定所构建的面传感器的大小，3个数值分别表示x、y、z轴的数值。在本工作站中，构建的传感器大小为55mm*20mm
3		设置Origin为要创建的面传感器的原点，具体做法是捕捉工具选择"捕捉部件"和"捕捉末端"，然后捕捉如左图所示的点作为原点
4	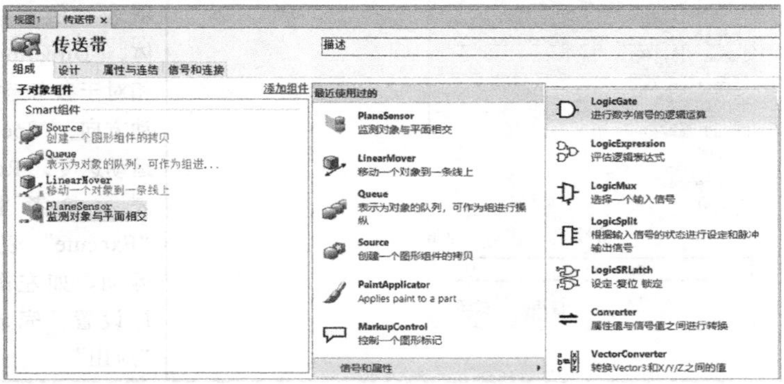	单击"添加组件"，选择"信号和属性"中的"LogicGate"选项，导入一个非门

（续）

序号	图例	操作步骤
5	属性: LogicGate [NOT] 属性 Operator NOT Delay (s) 0.0 信号 InputA　0 Output　1 应用　关闭	设置 LogicGate 属性，在 "Operator" 下拉列表框中选择 "NOT" 选项

　　这里有必要对 Smart 组件中 "非门" 的使用进行说明。在 Smart 组件应用中，只有信号发生 0→1 的变化时，才可以触发事件。假如有一个信号 A，要求信号 A 由 0 变成 1 时触发事件 B，信号 A 由 1 变成 0 时出发事件 C。在 Smart 组件设计时，事件 B 可以直接与信号 A 连接进行触发，但是事件 C 就需要引入一个非门与信号 A 连接。这样当信号 A 由 1 变成 0 时，经过非门运算之后就转换为由 0 变成 1，随即触发事件 C。

　　（4）"属性与连结" 的设置　"属性连结" 是指各 Smart 子组件的某项属性之间的连接，通过设置属性连接，能够使两个关联的组件实现联动。

　　单击 "属性与连结" 选项卡，单击 "属性连结" 中的 "添加连结"，如图 5-1 所示。

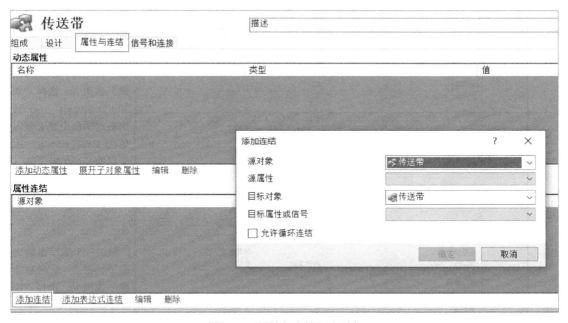

图 5-1　"属性与连结" 选项卡

　　在动态输送链中只涉及 "Source 的 Copy 是下一个即将进入队列的对象" 这样一个 "属性连结"，如图 5-2 所示。

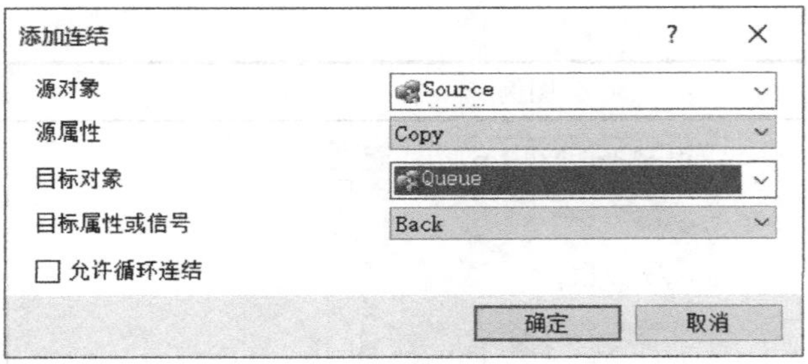

图 5-2　设置"添加连结"

Source 的 Copy 是产品源的复制品，Queue 的 Back 是下一个将要进入队列的对象。通过上面的"属性连结"，可以实现产品源产生一个复制品，执行加入队列的动作后，该复制品进入 Queue 中，而 Queue 是一直随着输送链不断运动的，则产生的复制品也随着输送链运动。当执行退出队列动作后，复制品将退出队列，停止运动。

（5）创建信号连接　I/O 信号指的是在工作站自行创建的数字信号以及各 Smart 子组件的输入 / 输出信号，而信号的连接就是指将在工作站中创建的数字信号和各 Smart 子组件的输入 / 输出信号，或 Smart 子组件输入 / 输出信号相互之间做某种关联，从而实现某种控制效果。操作过程见表 5-6。

表 5-6　创建信号连接的操作步骤

序号	图例	操作步骤
1	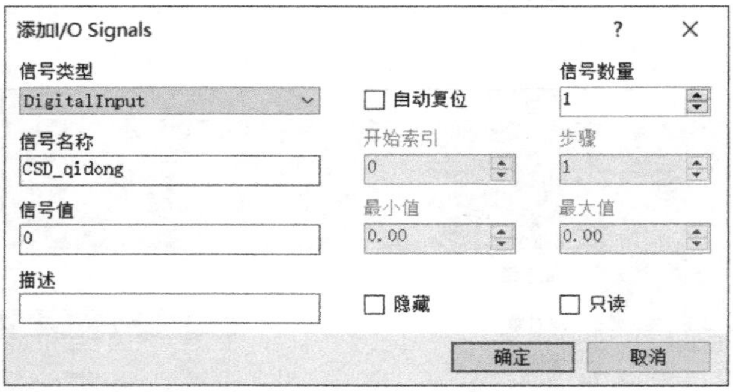	添加一个数字量输入信号，单击"信号和连接"选项卡，选择"添加 I/O Singals"，在弹出的对话框中设置输入信号 CSD_qidong，用于启动 Smart 输送链
2	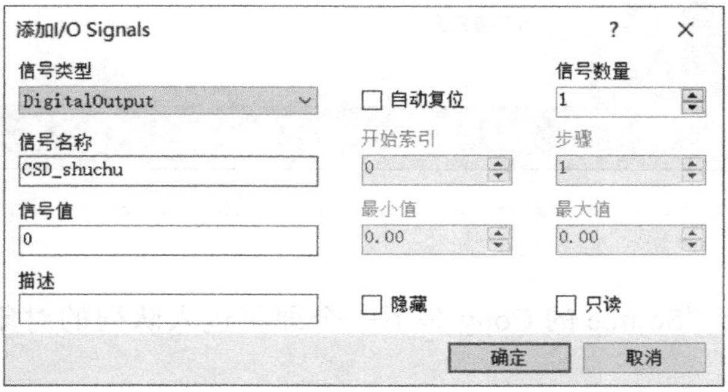	添加一个数字量输出信号，单击"信号和连接"选项卡，选择"添加 I/O Singals"，在弹出的对话框中设置输入信号 CSD_shuchu，用于检测产品到位信息

（续）

序号	图例	操作步骤
3	添加I/O Connection ? × 源对象　传送带 源信号　CSD_qidong 目标对象　Source 目标信号或属性　Execute □ 允许循环连接 确定　取消	建立 I/O 信号连接，单击"添加 I/O Connection"，用传送带启动信号 CSD_qidong 触发 Source 组件执行动作，则产品源会自动产生一个复制品
4	添加I/O Connection ? × 源对象　Source 源信号　Executed 目标对象　Queue 目标信号或属性　Enqueue □ 允许循环连接 确定　取消	用 Source 产生的复制品完成信号触发 Queue 的加入队列信号，实现复制品自动加入队列
5	添加I/O Connection ? × 源对象　PlaneSensor 源信号　SensorOut 目标对象　Queue 目标信号或属性　Dequeue □ 允许循环连接 确定　取消	复制品随着输送链运动到前端，被面传感器检测，用面传感器的输出信号触发 Queue 的退出队列动作，实现复制品停止在输送链前端
6	添加I/O Connection ? × 源对象　PlaneSensor 源信号　SensorOut 目标对象　传送带 目标信号或属性　CSD_shuchu □ 允许循环连接 确定　取消	当复制品运动到输送链前端并与面传感器接触的同时，触发产品到位信号 CSD_shuchu，使其置 1
7	添加I/O Connection ? × 源对象　PlaneSensor 源信号　SensorOut 目标对象　LogicGate [NOT] 目标信号或属性　InputA □ 允许循环连接 确定　取消	将面传感器的输出信号与非门连接，实现非门的输出信号与面传感器的输出信号相反

（续）

序号	图例	操作步骤
8	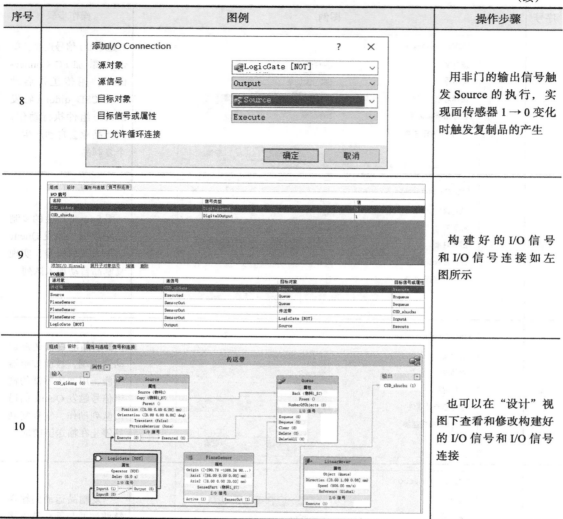	用非门的输出信号触发 Source 的执行，实现面传感器 1→0 变化时触发复制品的产生
9		构建好的 I/O 信号和 I/O 信号连接如左图所示
10		也可以在"设计"视图下查看和修改构建好的 I/O 信号和 I/O 信号连接

（6）仿真验证　对动态输送链产生复制品并输送到传送带前端的效果进行仿真，操作步骤见表 5-7。

表 5-7　仿真验证操作步骤

序号	图例	操作步骤
1		在"仿真"选项卡中，单击"I/O仿真器"，在弹出的对话框中，在"选择系统"下拉列表中选择"传送带"选项

（续）

序号	图例	操作步骤
2	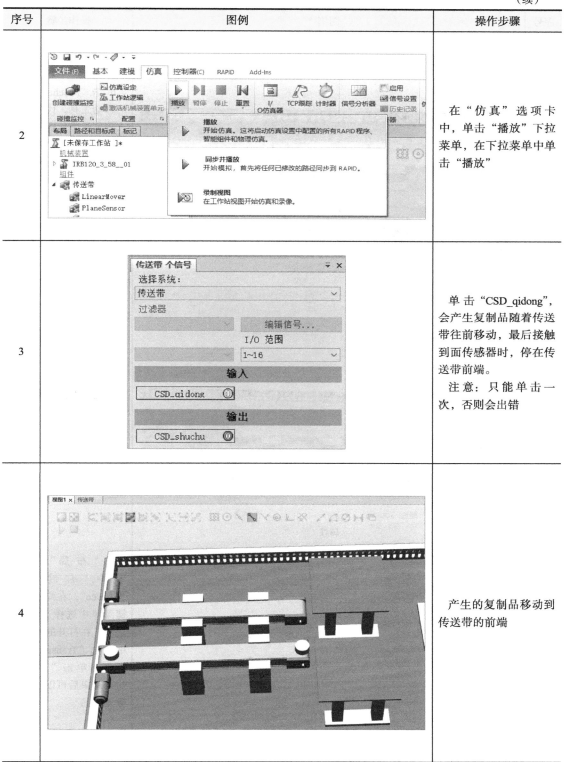	在"仿真"选项卡中，单击"播放"下拉菜单，在下拉菜单中单击"播放"
3		单击"CSD_qidong"，会产生复制品随着传送带往前移动，最后接触到面传感器时，停在传送带前端。 注意：只能单击一次，否则会出错
4		产生的复制品移动到传送带的前端

（续）

序号	图例	操作步骤
5	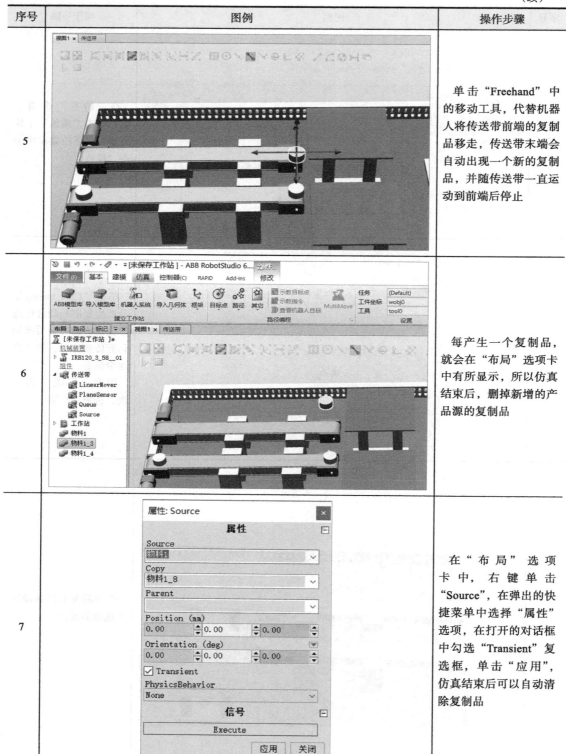	单击"Freehand"中的移动工具，代替机器人将传送带前端的复制品移走，传送带末端会自动出现一个新的复制品，并随传送带一直运动到前端后停止
6		每产生一个复制品，就会在"布局"选项卡中有所显示，所以仿真结束后，删掉新增的产品源的复制品
7		在"布局"选项卡中，右键单击"Source"，在弹出的快捷菜单中选择"属性"选项，在打开的对话框中勾选"Transient"复选框，单击"应用"，仿真结束后可以自动清除复制品

2.吸盘 Smart 组件配置

创建吸盘 Smart 组件，用于在输送链的前端拾取产品以及在待放置处释放产品。

（1）检测传感器的设置　吸盘能否拾取产品需要传感器的检测，因为拾取的产品不唯一，需要将检测的产品作为待安装的对象安装到吸盘工具上，这样才能完成对不同名称的复制品进行拾取，因此设置线传感器来进行检测，具体操作步骤见表 5-8。

表 5-8　设置检测传感器的操作步骤

序号	图例	操作步骤
1		在"建模"选项卡中，单击"Smart 组件"，新建一个 Smart 组件，并命名为"吸盘"
2		在"吸盘"组件下，单击"添加组件"，选择"传感器"中的"LineSensor"选项

（续）

序号	图例	操作步骤
3	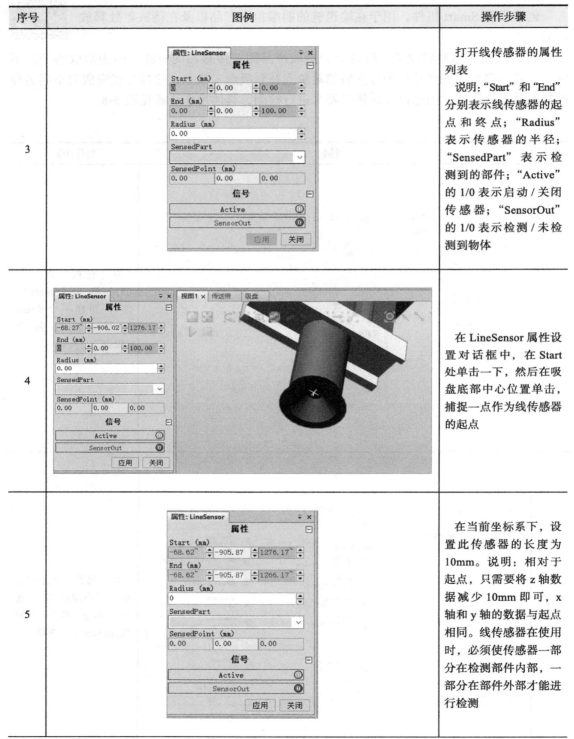	打开线传感器的属性列表 说明："Start"和"End"分别表示线传感器的起点和终点；"Radius"表示传感器的半径；"SensedPart"表示检测到的部件；"Active"的1/0表示启动/关闭传感器；"SensorOut"的1/0表示检测/未检测到物体
4		在 LineSensor 属性设置对话框中，在 Start 处单击一下，然后在吸盘底部中心位置单击，捕捉一点作为线传感器的起点
5		在当前坐标系下，设置此传感器的长度为10mm。说明：相对于起点，只需要将 z 轴数据减少10mm即可，x轴和y轴的数据与起点相同。线传感器在使用时，必须使传感器一部分在检测部件内部，一部分在部件外部才能进行检测

（续）

序号	图例	操作步骤
6	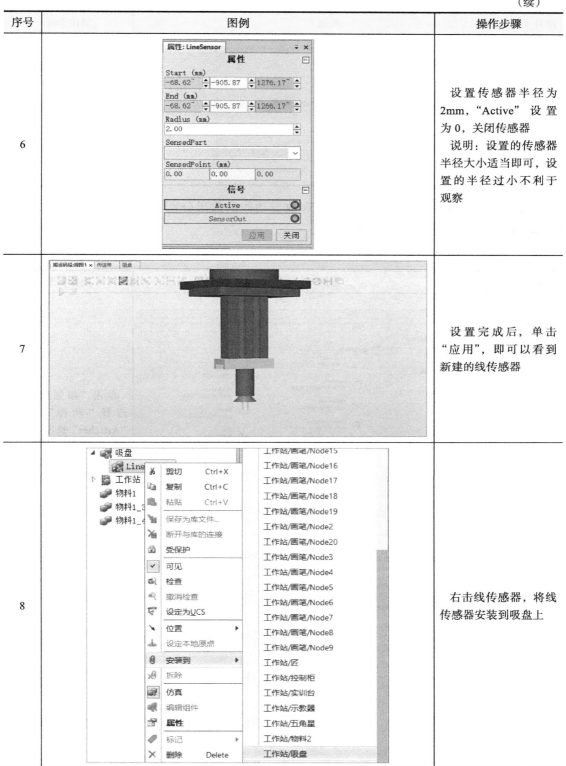	设置传感器半径为 2mm，"Active" 设置为 0，关闭传感器 说明：设置的传感器半径大小适当即可，设置的半径过小不利于观察
7		设置完成后，单击"应用"，即可以看到新建的线传感器
8		右击线传感器，将线传感器安装到吸盘上

（续）

序号	图例	操作步骤
9	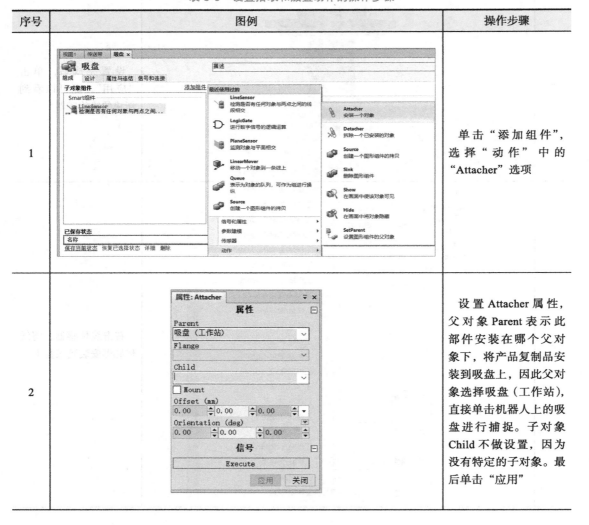	位置已经确定，单击"否"

（2）拾取和放置动作的设置　拾取和放置动作的效果分别对应于子组件 Attacher 和 Detacher，具体操作步骤见表 5-9。

表 5-9　设置拾取和放置动作的操作步骤

序号	图例	操作步骤
1		单击"添加组件"，选择"动作"中的"Attacher"选项
2		设置 Attacher 属性，父对象 Parent 表示此部件安装在哪个父对象下，将产品复制品安装到吸盘上，因此父对象选择吸盘（工作站），直接单击机器人上的吸盘进行捕捉。子对象 Child 不做设置，因为没有特定的子对象。最后单击"应用"

（续）

序号	图例	操作步骤
3	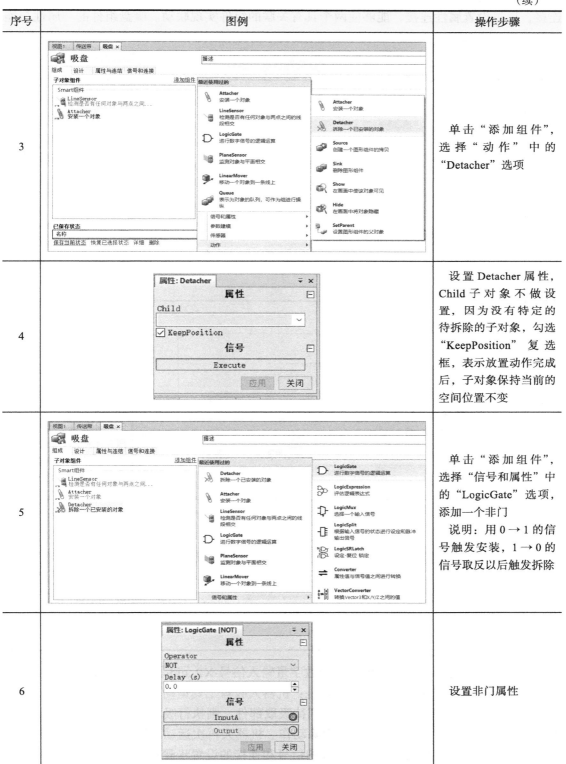	单击"添加组件"，选择"动作"中的"Detacher"选项
4		设置 Detacher 属性，Child 子对象不做设置，因为没有特定的待拆除的子对象，勾选"KeepPosition"复选框，表示放置动作完成后，子对象保持当前的空间位置不变
5		单击"添加组件"，选择"信号和属性"中的"LogicGate"选项，添加一个非门 说明：用 0→1 的信号触发安装，1→0 的信号取反以后触发拆除
6		设置非门属性

（3）"属性与连结"的设置　"属性与连结"是指各 Smart 子组件的某项属性之间的连接，通过设置属性连接，能够使两个具有关联的组件实现联动。吸盘组件的"属性与连结"的设置步骤见表 5-10。

表 5-10　"属性与连结"的设置步骤

序号	图例	设置步骤
1	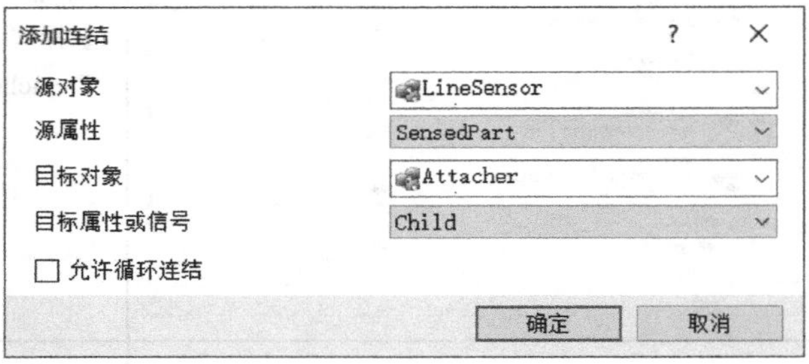 **添加连结**　　　　　? ✕ 源对象　　　LineSensor 源属性　　　SensedPart 目标对象　　Attacher 目标属性或信号　Child ☐ 允许循环连结 　　　　　确定　　取消	创建线传感器所检测到的部件作为安装动作的子对象，单击"属性与连结"，选择"属性连结"，单击"添加连结"选项，按照左图所示进行属性设置后，单击"确定"
2	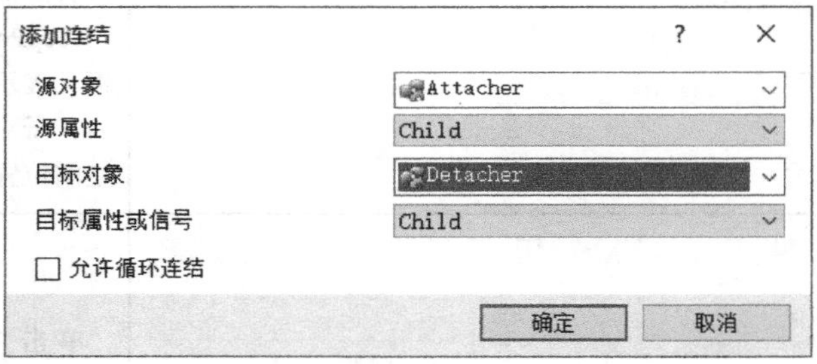 **添加连结**　　　　　? ✕ 源对象　　　Attacher 源属性　　　Child 目标对象　　Detacher 目标属性或信号　Child ☐ 允许循环连结 　　　　　确定　　取消	创建安装动作的子对象为拆除动作的子对象的"属性连结"，单击"属性与连结"，选择"属性连结"，单击"添加连结"选项，按照左图所示进行属性设置后，单击"确定"
3	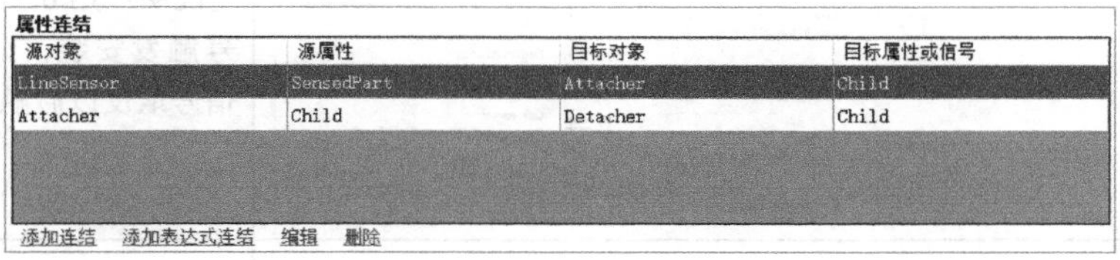 **属性连结** | 源对象	源属性	目标对象	目标属性或信号 | |---|---|---|---| | LineSensor | SensedPart | Attacher | Child | | Attacher | Child | Detacher | Child | 添加连结　添加表达式连结　编辑　删除	设置完成后如左图所示

（4）信号和连接的设置　创建一个数字量输入信号 **XP_qidong**，用于控制吸盘组件的安装和拆除动作的执行。整个动作过程是：机器人吸盘工具运动到吸取位置后，启动信号置为 1，线传感器开始检测，如果检测到待吸取部件，则执行吸取动作。机器人运动到放置位置时，启动信号置为 0，则执行拆除动作。机器人再次运动到吸取物料位置，执行下一次的吸取动作，如此循环。吸盘组件的信号和连接的设置步骤见表 5-11。

表 5-11　信号和连接的设置步骤

序号	图例	设置步骤
1	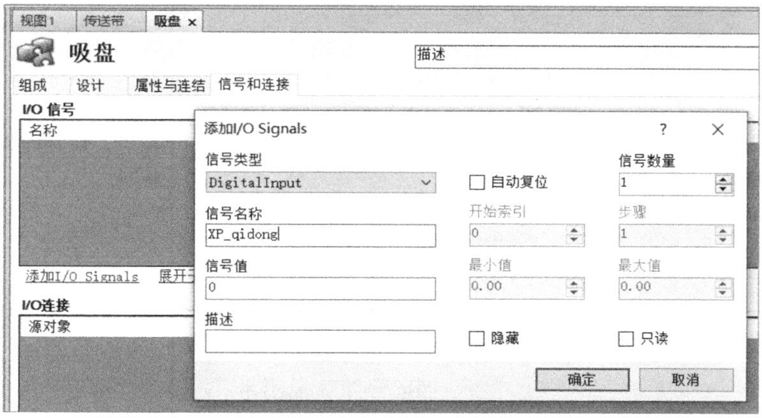	创建数字量输入信号 XP_qidong，单击"信号和连接"选项卡，添加"I/O Signals"，并按照左图所示进行设置
2	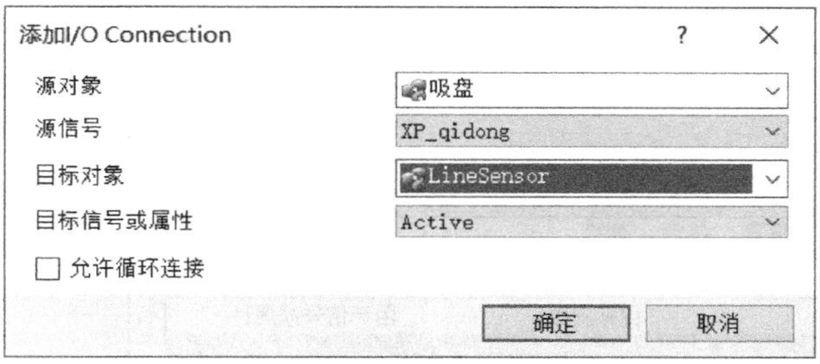	设置信号的连接，单击"信号和连接"选项卡，单击"I/O 连接"下的"添加 I/O Connection"，用 XP_qidong 信号启动线传感器执行检测
3	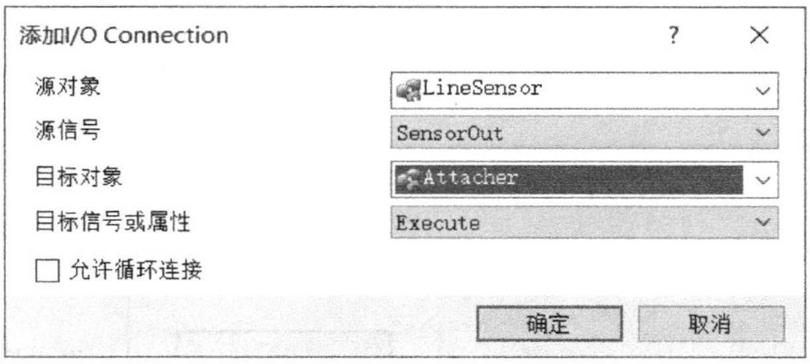	传感器检测到部件之后，触发安装动作的执行
4	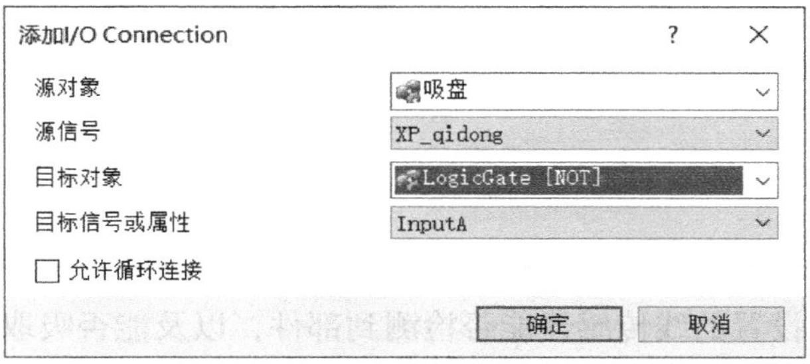	XP_qidong 信号进行取反

（续）

序号	图例	设置步骤
5	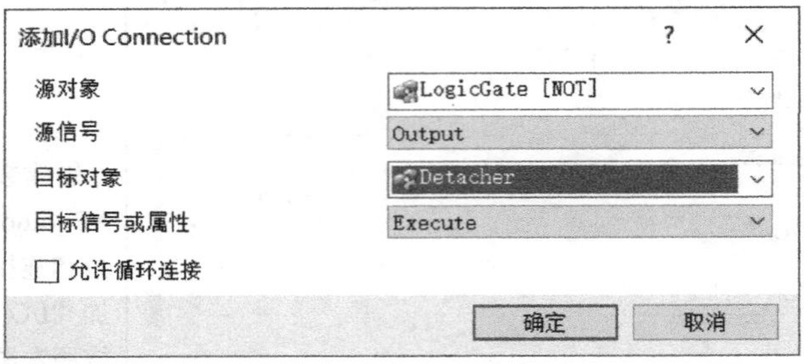	将 XP_qidong 信号取反后，触发拆除动作的执行
6	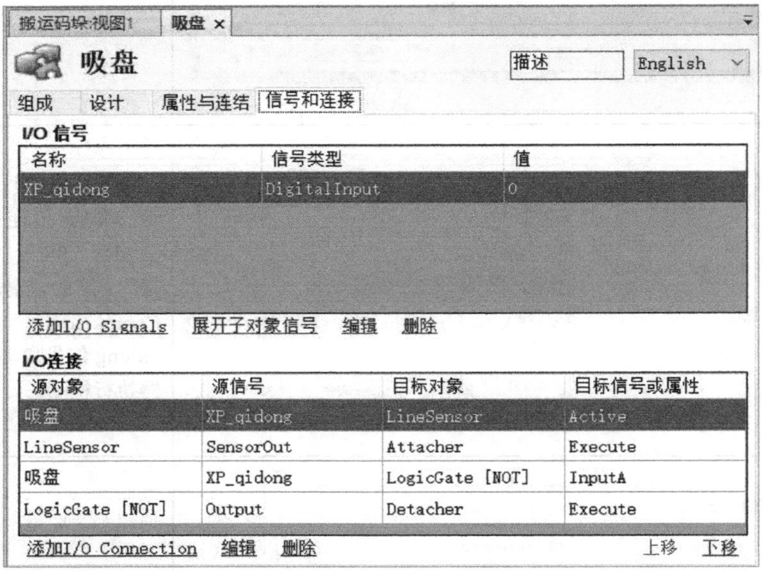	I/O 信号连接构建完成
7	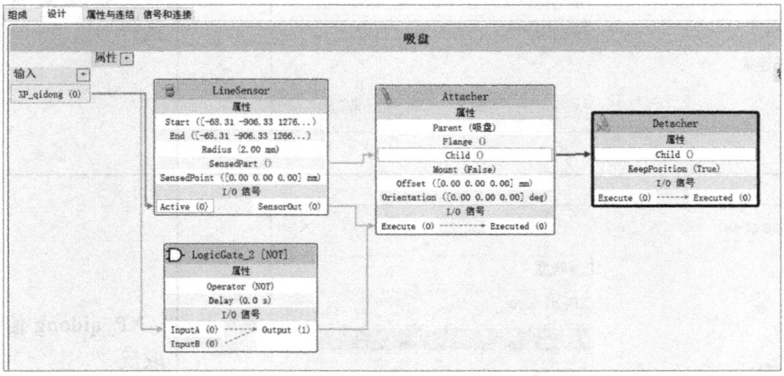	也可以在"设计"视图中，查看和修改构建好的 I/O 信号和 I/O 信号连接

（5）仿真验证　验证所设置的线传感器能否检测到部件，以及能否吸取和放置物料。仿真验证过程见表 5-12。

表 5-12　仿真验证操作步骤

序号	图例	操作步骤
1		因为要用到线性移动，首先要创建机器人系统
2		在"Default Language"选项里面勾选"Chinese"
3		在"Industrial Networks"选项中勾选"709-1"，单击"确定"，最后单击"完成"创建机器人系统

（续）

序号	图例	操作步骤
4	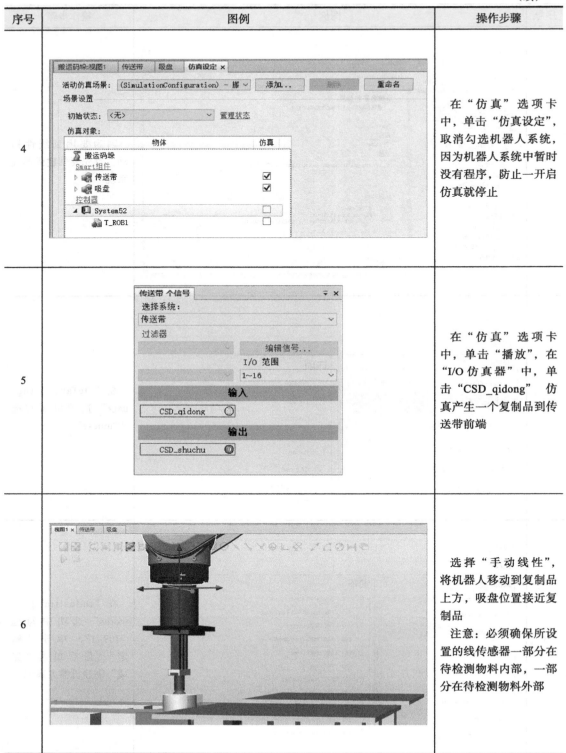	在"仿真"选项卡中，单击"仿真设定"，取消勾选机器人系统，因为机器人系统中暂时没有程序，防止一开启仿真就停止
5		在"仿真"选项卡中，单击"播放"，在"I/O仿真器"中，单击"CSD_qidong"仿真产生一个复制品到传送带前端
6		选择"手动线性"，将机器人移动到复制品上方，吸盘位置接近复制品 注意：必须确保所设置的线传感器一部分在待检测物料内部，一部分在待检测物料外部

（续）

序号	图例	操作步骤
7	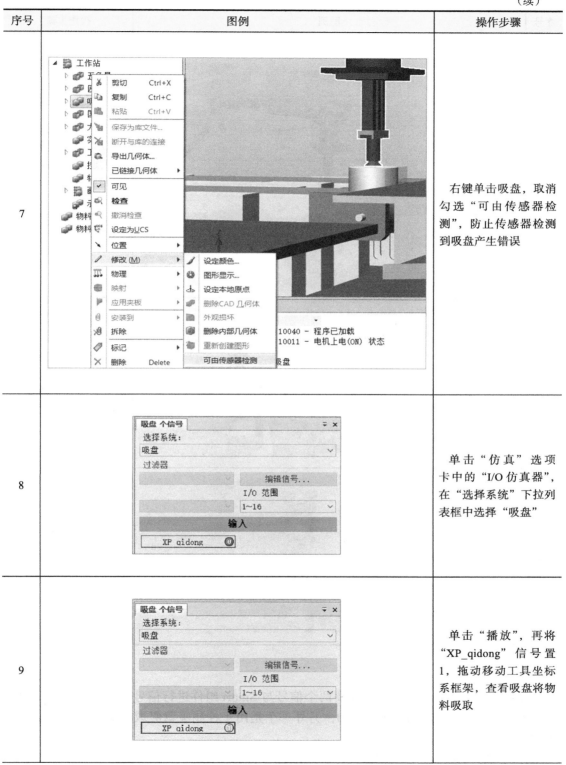	右键单击吸盘，取消勾选"可由传感器检测"，防止传感器检测到吸盘产生错误
8		单击"仿真"选项卡中的"I/O 仿真器"，在"选择系统"下拉列表框中选择"吸盘"
9		单击"播放"，再将"XP_qidong"信号置 1，拖动移动工具坐标系框架，查看吸盘将物料吸取

（续）

序号	图例	操作步骤
10		拖动移动工具的坐标系框架，可以看到吸盘将复制品吸取
11	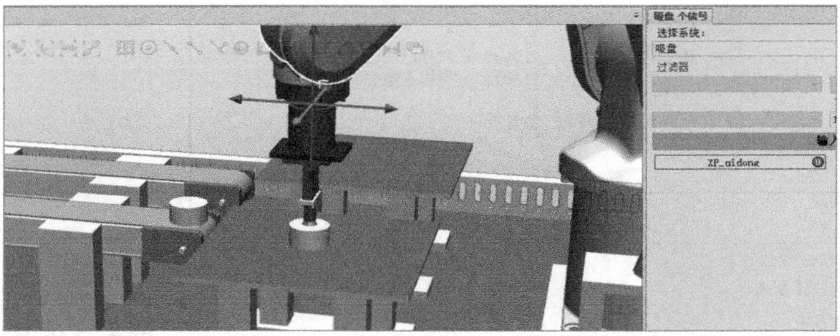	拖动移动工具的坐标系框架，将物料放置到放置位置后，将信号"XP_qidong"置为0
12	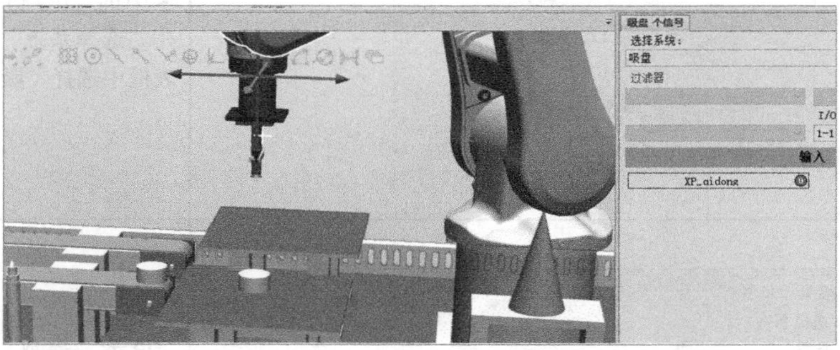	再次拖动移动工具的坐标系框架，可以看到吸盘已将复制品拆除，停留在放置位置

3. 工业机器人系统信号创建

在搬运码垛项目中，机器人需要两个信号与Smart组件进行信号交互，一个是接收复制品到位的输入信号di0，另外一个是用于控制吸盘吸取和放置物料的输出信号do0。

工业机器人系统信号创建的操作步骤见表5-13。

表 5-13 工业机器人系统信号创建的操作步骤

序号	图例	操作步骤
1		在"控制器"选项卡中，单击"配置"中的"I/O System"
2		单击"DeviceNet Device"，在右边空白处右击，单击"新建 DeviceNet Device"
3		在弹出的对话框中，使用来自模板的值选择"DSQC 652"，然后单击"确定"

（续）

序号	图例	操作步骤
4	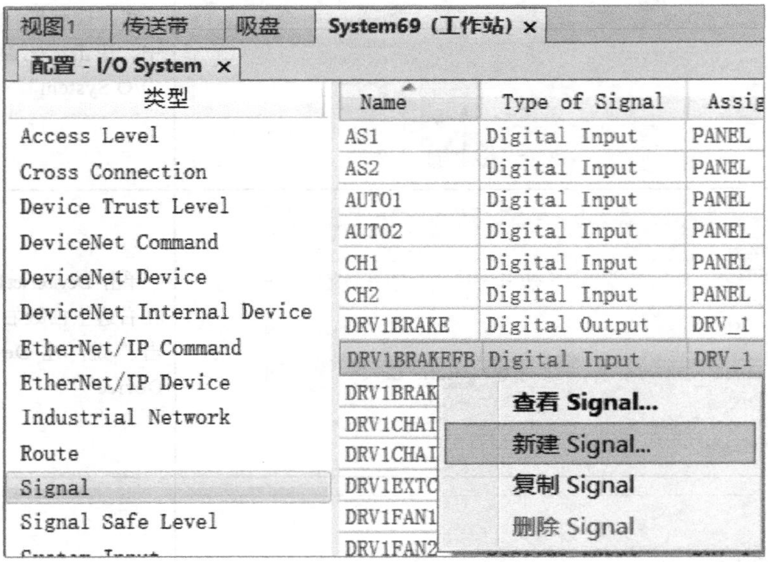 **视图1　传送带　吸盘　System69（工作站）×** **配置 - I/O System　×** 类型 Access Level Cross Connection Device Trust Level DeviceNet Command DeviceNet Device DeviceNet Internal Device EtherNet/IP Command EtherNet/IP Device Industrial Network Route Signal Signal Safe Level System Input Name｜Type of Signal｜Assig AS1｜Digital Input｜PANEL AS2｜Digital Input｜PANEL AUTO1｜Digital Input｜PANEL AUTO2｜Digital Input｜PANEL CH1｜Digital Input｜PANEL CH2｜Digital Input｜PANEL DRV1BRAKE｜Digital Output｜DRV_1 DRV1BRAKEFB｜Digital Input｜DRV_1 DRV1BRAK…｜查看 Signal... DRV1CHA…｜新建 Signal... DRV1CHA…｜复制 Signal DRV1EXTC…｜删除 Signal DRV1FAN1 DRV1FAN2	单击"Signal"，在右边任意位置右击，单击"新建 Signal"
5	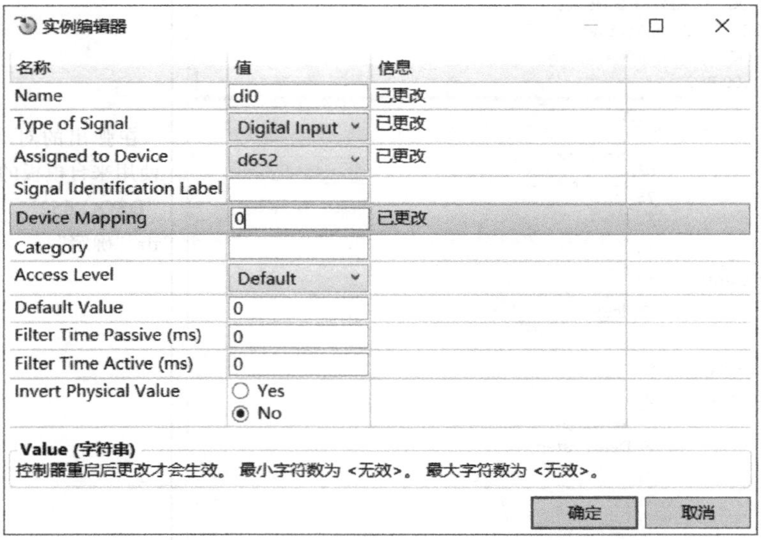 **实例编辑器**　　—　□　× 名称｜值｜信息 Name｜di0｜已更改 Type of Signal｜Digital Input ∨｜已更改 Assigned to Device｜d652 ∨｜已更改 Signal Identification Label｜｜ Device Mapping｜0｜已更改 Category｜｜ Access Level｜Default ∨｜ Default Value｜0｜ Filter Time Passive (ms)｜0｜ Filter Time Active (ms)｜0｜ Invert Physical Value｜○ Yes　◉ No｜ **Value (字符串)** 控制器重启后更改才会生效。最小字符数为 <无效>。最大字符数为 <无效>。 确定　取消	创建数字量输入信号 di0，信号地址为 0，如左图所示，设置完成后单击"确定"

（续）

序号	图例	操作步骤
6		再创建一个数字量输出信号 do0，地址也为 0，如左图所示，设置完成后单击"确定" 　注意：这个是输出信号地址，与输入信号地址并不冲突
7		创建完成以后，单击"重启"，所创建的信号才能生效

4. 工作站逻辑信号连接

　　在仿真软件中，若想将 Smart 组件的信号与机器人系统里面的信号进行关联，就需要进行工作站逻辑设置。在本项目中，将输送链 Smart 组件产品到位的输出信号与机器人的输入信号进行关联，将机器人的输出信号与吸盘 Smart 组件吸取、放置物料的输入信号进行关联。工作站逻辑信号连接的操作步骤见表 5-14。

表 5-14　工作站逻辑信号连接的操作步骤

序号	图例	操作步骤
1		单击"仿真"选项卡中的"工作站逻辑"

（续）

序号	图例	操作步骤
2	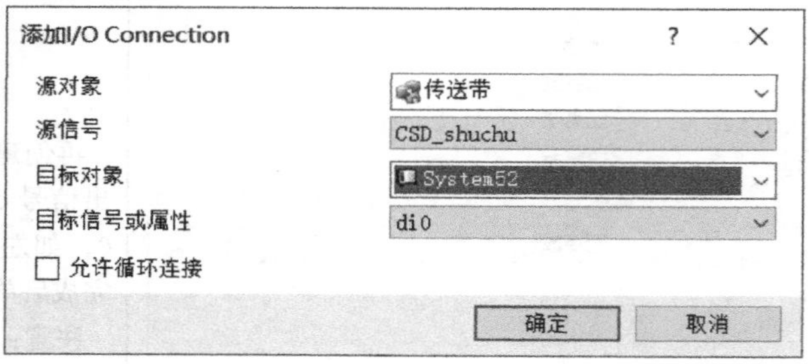 **添加I/O Connection** ⏷ ？ ✕ 源对象 🖳传送带 源信号 CSD_shuchu 目标对象 System52 目标信号或属性 di0 □ 允许循环连接 确定 取消	在弹出的菜单中单击"信号和连接"，单击"添加I/O Connection"，设置传送带的产品到位信号与机器人输入信号相连接，单击"确定"
3	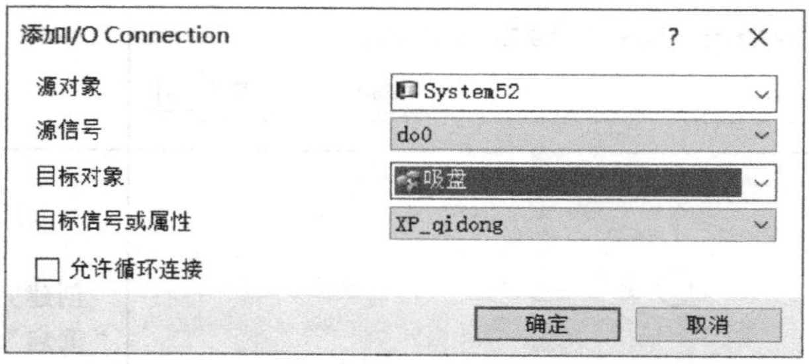 **添加I/O Connection** ？ ✕ 源对象 System52 源信号 do0 目标对象 吸盘 目标信号或属性 XP_qidong □ 允许循环连接 确定 取消	再次单击"添加I/O Connection"，设置机器人输出信号与吸盘组件的启动信号相连接，单击"确定"
4	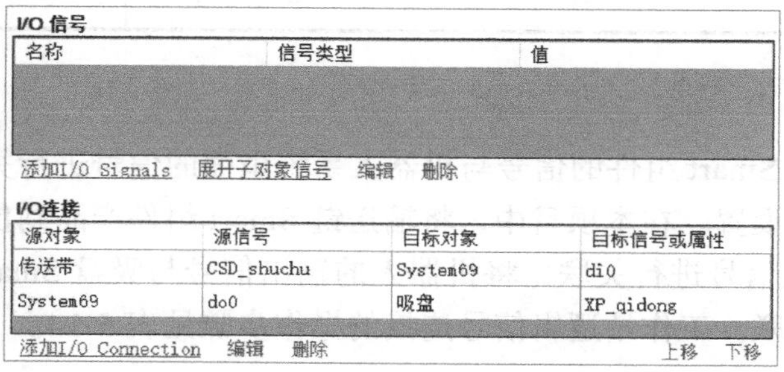 **I/O 信号** 名称　信号类型　值 添加I/O Signals　展开子对象信号　编辑　删除 **I/O连接** 源对象　源信号　目标对象　目标信号或属性 传送带　CSD_shuchu　System69　di0 System69　do0　吸盘　XP_qidong 添加I/O Connection　编辑　删除　　上移 下移	设置完成后的工作站信号连接如左图所示

三、搬运码垛工作站离线编程

本项目要完成"3 阶码垛"，即共有 3 层，每一层有 9 个物料，摆放形式为 3 行 3 列。在编制机器人程序时，先进行单个物料的吸取和放置，再利用循环指令和偏移函数进行其余物料的吸取和放置。

1. 单个物料的吸取和放置程序编辑

单个物料的吸取和放置程序编辑的操作步骤见表 5-15。

表 5-15　单个物料的吸取和放置程序编辑的操作步骤

序号	图例	操作步骤
1		在"控制器"选项卡中，单击打开"示教器"下的"虚拟示教器"
2		将示教器操作模式切换到手动模式，如左图所示
3		打开示教器下拉按钮，单击"程序编辑器"

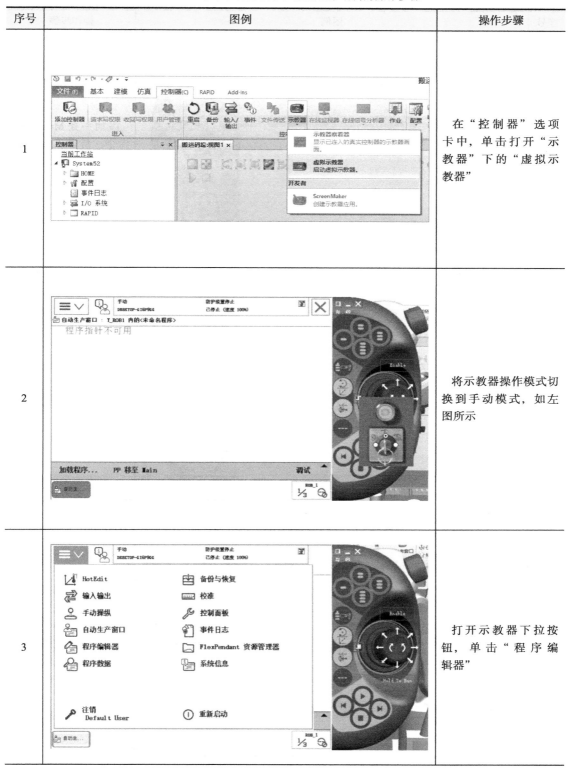

（续）

序号	图例	操作步骤
4	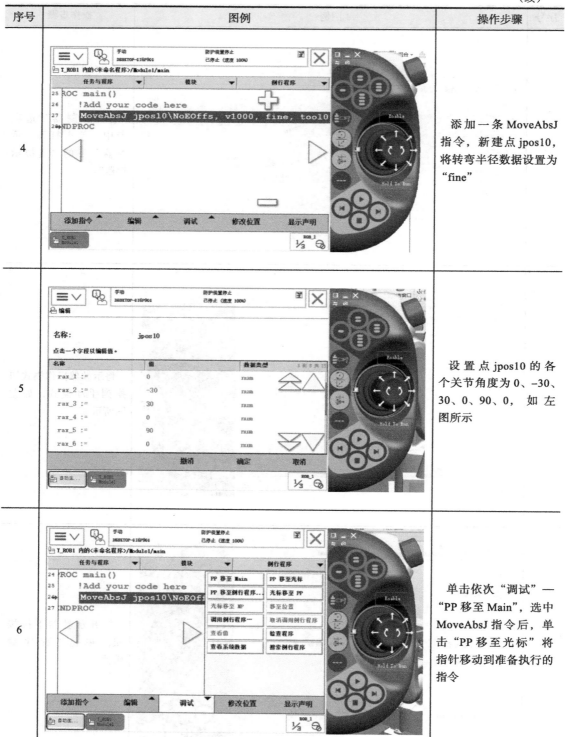	添加一条 MoveAbsJ 指令，新建点 jpos10，将转弯半径数据设置为 "fine"
5		设置点 jpos10 的各个关节角度为 0、-30、30、0、90、0，如左图所示
6		单击依次 "调试" — "PP 移至 Main"，选中 MoveAbsJ 指令后，单击 "PP 移至光标" 将指针移动到准备执行的指令

（续）

序号	图例	操作步骤
7	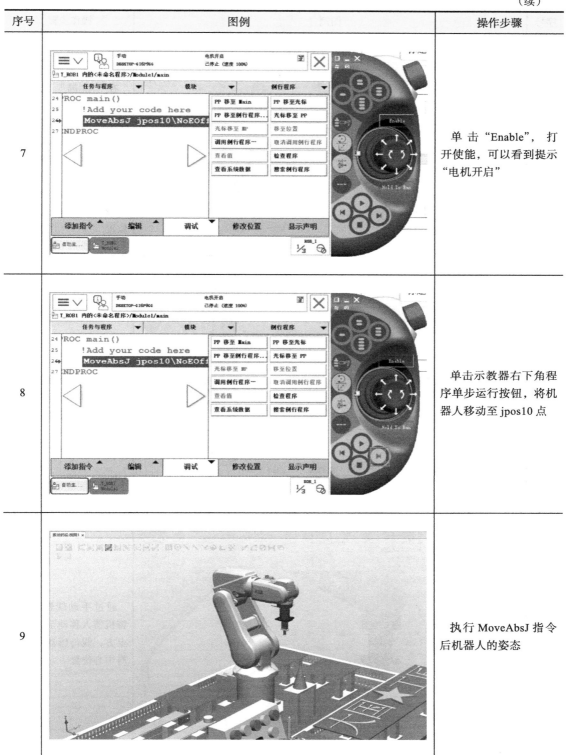	单击"Enable"，打开使能，可以看到提示"电机开启"
8		单击示教器右下角程序单步运行按钮，将机器人移动至 jpos10 点
9		执行 MoveAbsJ 指令后机器人的姿态

（续）

序号	图例	操作步骤
10	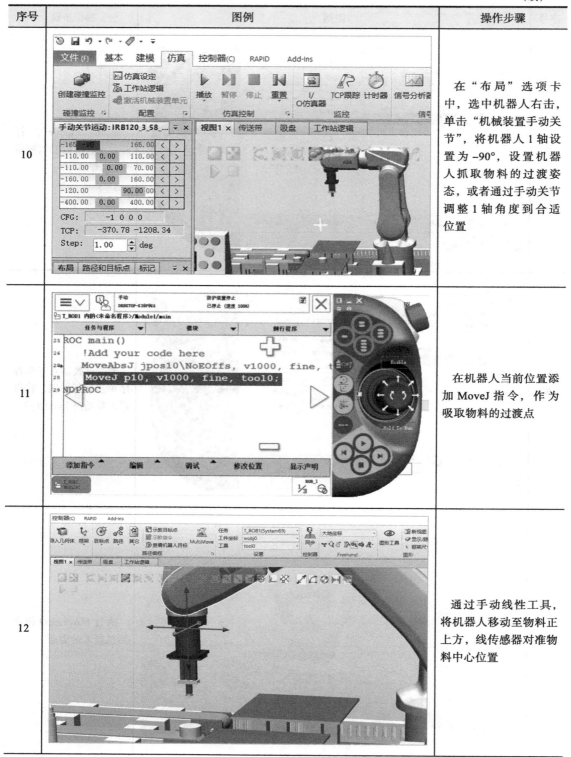	在"布局"选项卡中，选中机器人右击，单击"机械装置手动关节"，将机器人 1 轴设置为 –90°，设置机器人抓取物料的过渡姿态，或者通过手动关节调整 1 轴角度到合适位置
11		在机器人当前位置添加 MoveJ 指令，作为吸取物料的过渡点
12		通过手动线性工具，将机器人移动至物料正上方，线传感器对准物料中心位置

（续）

序号	图例	操作步骤
13	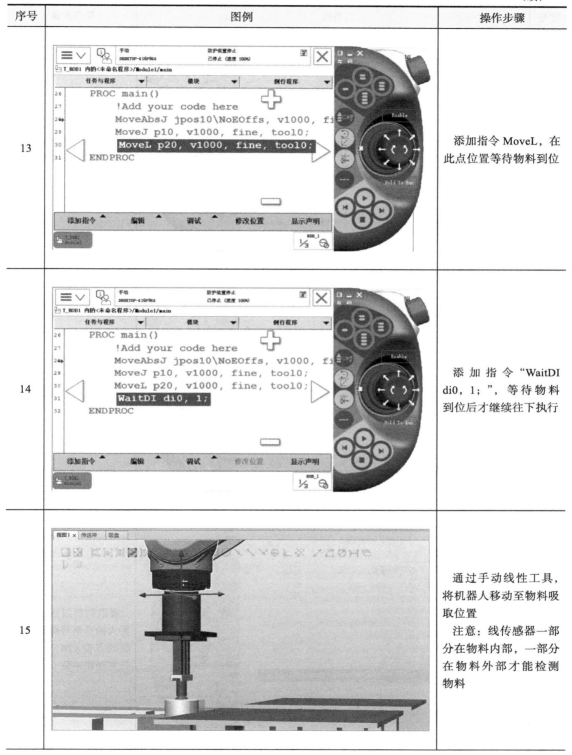	添加指令 MoveL，在此点位置等待物料到位
14		添加指令"WaitDI di0，1；"，等待物料到位后才继续往下执行
15		通过手动线性工具，将机器人移动至物料吸取位置 注意：线传感器一部分在物料内部，一部分在物料外部才能检测物料

（续）

序号	图例	操作步骤
16	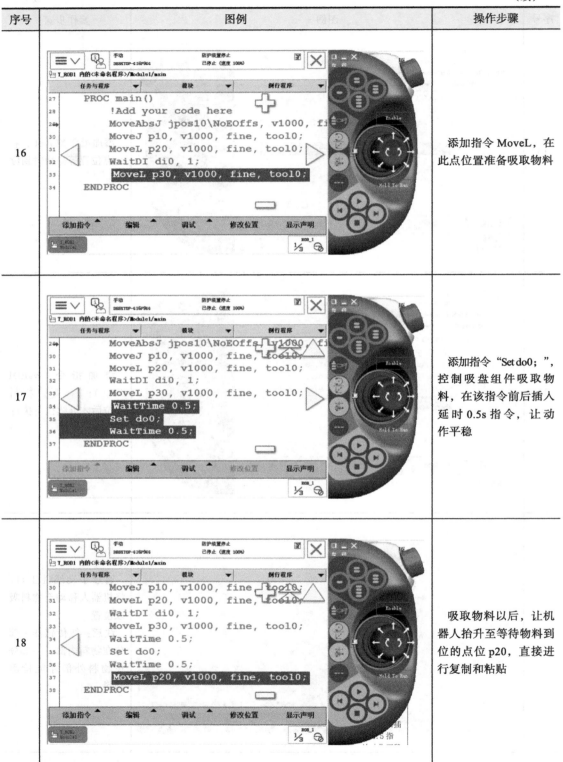	添加指令 MoveL，在此点位置准备吸取物料
17		添加指令"Set do0；"，控制吸盘组件吸取物料，在该指令前后插入延时 0.5s 指令，让动作平稳
18		吸取物料以后，让机器人抬升至等待物料到位的点位 p20，直接进行复制和粘贴

（续）

序号	图例	操作步骤
19	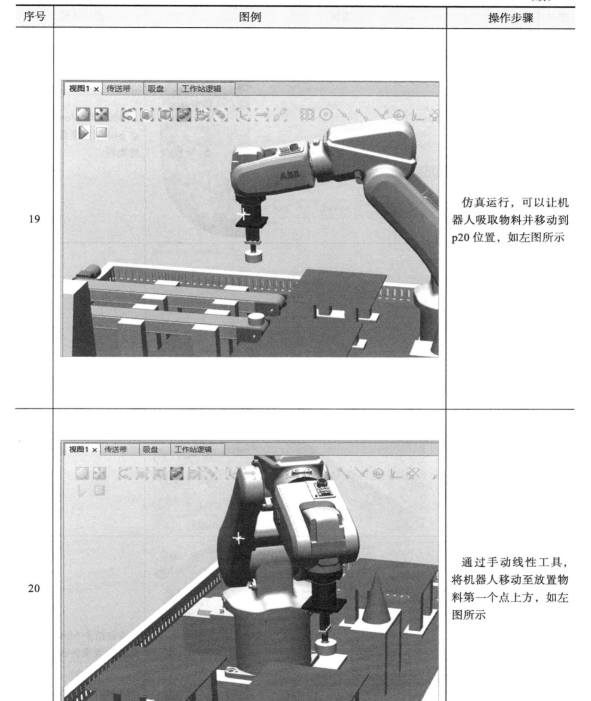	仿真运行，可以让机器人吸取物料并移动到 p20 位置，如左图所示
20		通过手动线性工具，将机器人移动至放置物料第一个点上方，如左图所示

（续）

序号	图例	操作步骤
21	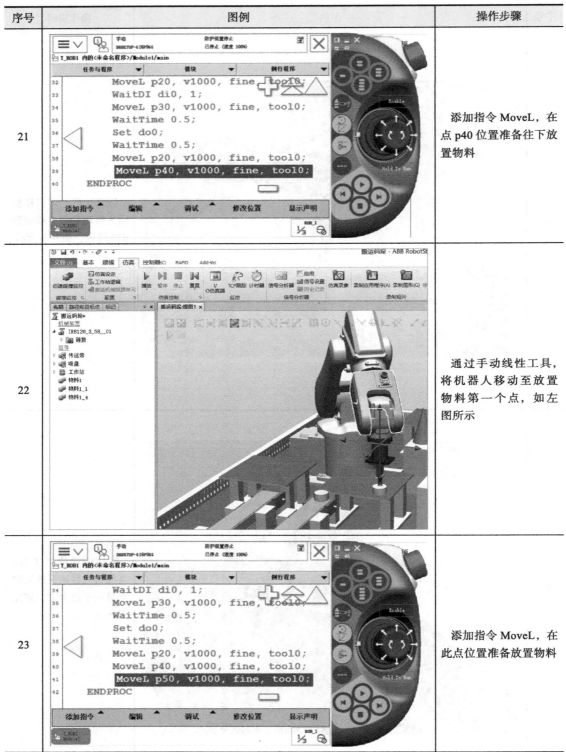	添加指令 MoveL，在点 p40 位置准备往下放置物料
22		通过手动线性工具，将机器人移动至放置物料第一个点，如左图所示
23		添加指令 MoveL，在此点位置准备放置物料

（续）

序号	图例	操作步骤
24	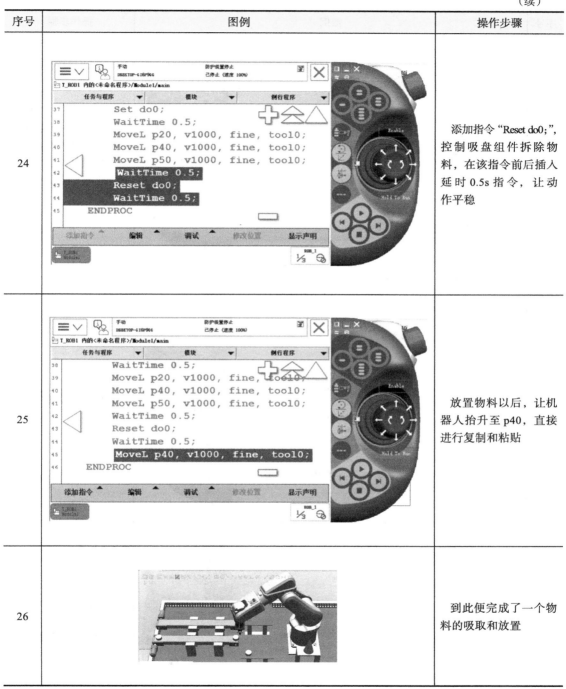	添加指令 "Reset do0;"，控制吸盘组件拆除物料，在该指令前后插入延时 0.5s 指令，让动作平稳
25		放置物料以后，让机器人抬升至 p40，直接进行复制和粘贴
26		到此便完成了一个物料的吸取和放置

2. 多个物料的吸取和放置程序编辑

完成"3 阶码垛"，采用 for 循环和偏移实现，吸取物料的位置不变，对放置位置每次进行偏移即可。多个物料的吸取和放置程序编辑的操作步骤见表 5-16。

表 5-16　多个物料的吸取和放置程序编辑的操作步骤

序号	图例	操作步骤
1	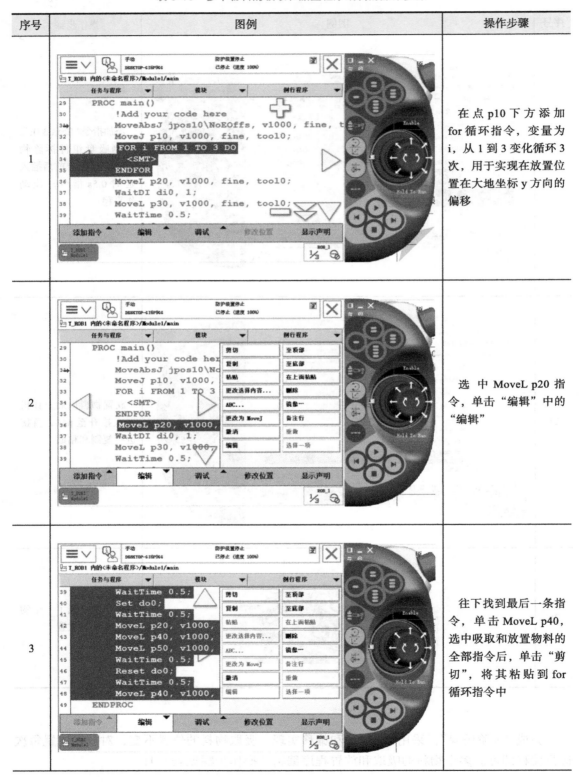	在点 p10 下方添加 for 循环指令，变量为 i，从 1 到 3 变化循环 3 次，用于实现在放置位置在大地坐标 y 方向的偏移
2		选中 MoveL p20 指令，单击"编辑"中的"编辑"
3		往下找到最后一条指令，单击 MoveL p40，选中吸取和放置物料的全部指令后，单击"剪切"，将其粘贴到 for 循环指令中

（续）

序号	图例	操作步骤
4	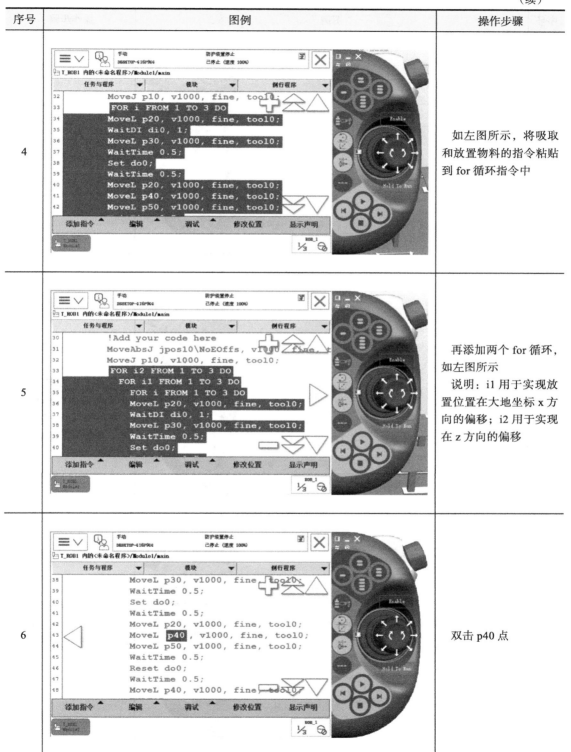	如左图所示，将吸取和放置物料的指令粘贴到 for 循环指令中
5		再添加两个 for 循环，如左图所示 说明：i1 用于实现放置位置在大地坐标 x 方向的偏移；i2 用于实现在 z 方向的偏移
6		双击 p40 点

（续）

序号	图例	操作步骤
7	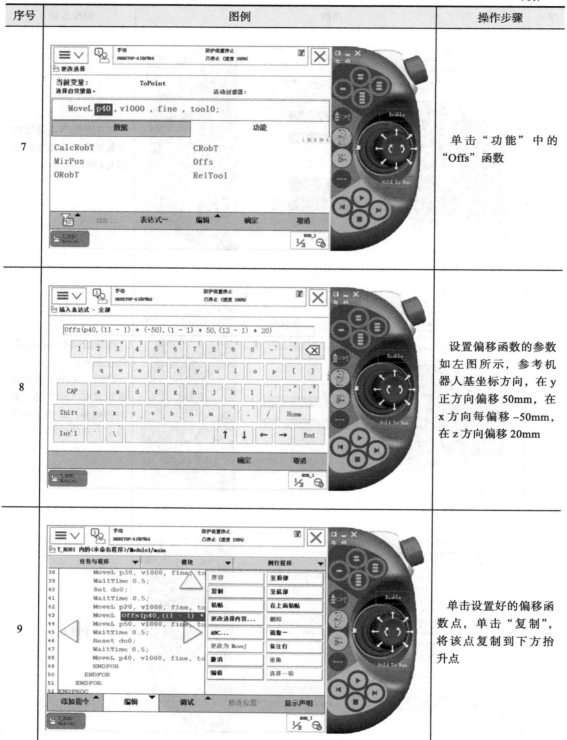	单击"功能"中的"Offs"函数
8		设置偏移函数的参数如左图所示，参考机器人基坐标方向，在 y 正方向偏移 50mm，在 x 方向每偏移 –50mm，在 z 方向偏移 20mm
9		单击设置好的偏移函数点，单击"复制"，将该点复制到下方抬升点

（续）

序号	图例	操作步骤
10	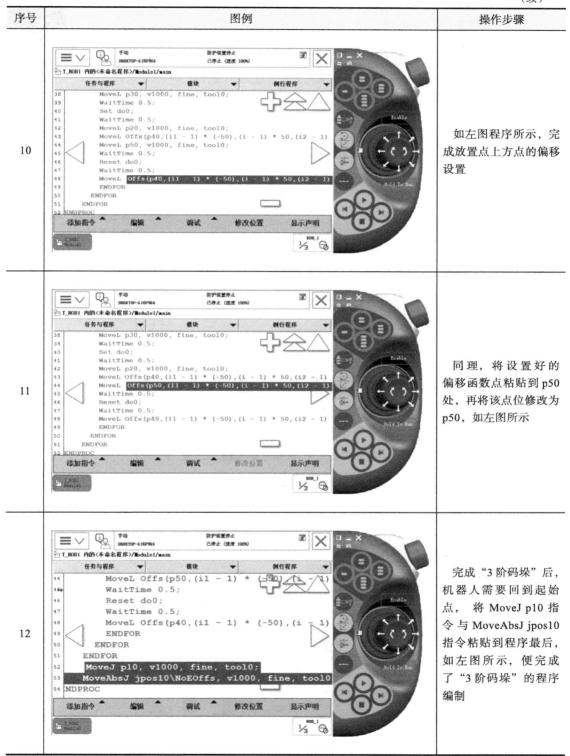	如左图程序所示，完成放置点上方点的偏移设置
11		同理，将设置好的偏移函数点粘贴到 p50 处，再将该点位修改为 p50，如左图所示
12		完成"3 阶码垛"后，机器人需要回到起始点，将 MoveJ p10 指令与 MoveAbsJ jpos10 指令粘贴到程序最后，如左图所示，便完成了"3 阶码垛"的程序编制

四、搬运码垛工作站仿真运行、调试

1.搬运码垛工作站仿真运行

搬运码垛工作站仿真运行操作步骤见表 5-17。

表 5-17　搬运码垛工作站仿真运行操作步骤

序号	图例	操作步骤
1		在"仿真"选项卡中，单击"仿真设定"，勾选传送带、吸盘和机器人系统
2		删除多余的复制品，调整机器人姿态，使机器人回到机械原点，再将 5 轴调整为 90°
3		打开"I/O 仿真器"，在"选择系统"里选择"传送带"，单击"播放"，可以看到机器人在 p20 位置等待物料到位

（续）

序号	图例	操作步骤
4	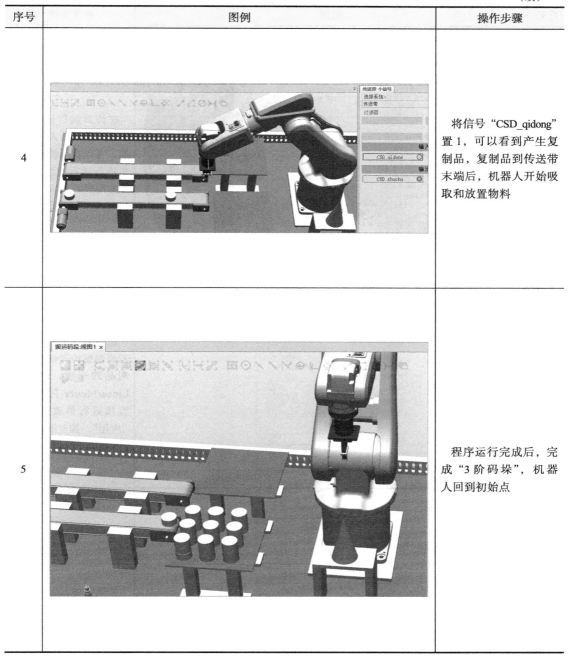	将信号 "CSD_qidong" 置 1，可以看到产生复制品，复制品到传送带末端后，机器人开始吸取和放置物料
5		程序运行完成后，完成 "3 阶码垛"，机器人回到初始点

2. 搬运码垛工作站运行调试

搬运码垛工作站在运行过程中，根据需要或任务要求对仿真进行调试，常见的调试内容见表 5-18。

表 5-18　搬运码垛工作站运行调试操作步骤

序号	图例	操作步骤
1	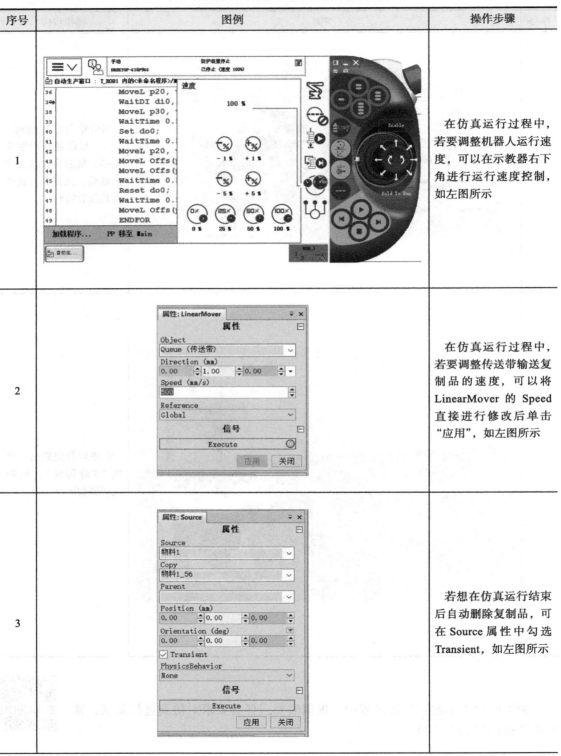	在仿真运行过程中，若要调整机器人运行速度，可以在示教器右下角进行运行速度控制，如左图所示
2		在仿真运行过程中，若要调整传送带输送复制品的速度，可以将 LinearMover 的 Speed 直接进行修改后单击"应用"，如左图所示
3		若想在仿真运行结束后自动删除复制品，可在 Source 属性中勾选 Transient，如左图所示

（续）

序号	图例	操作步骤
4	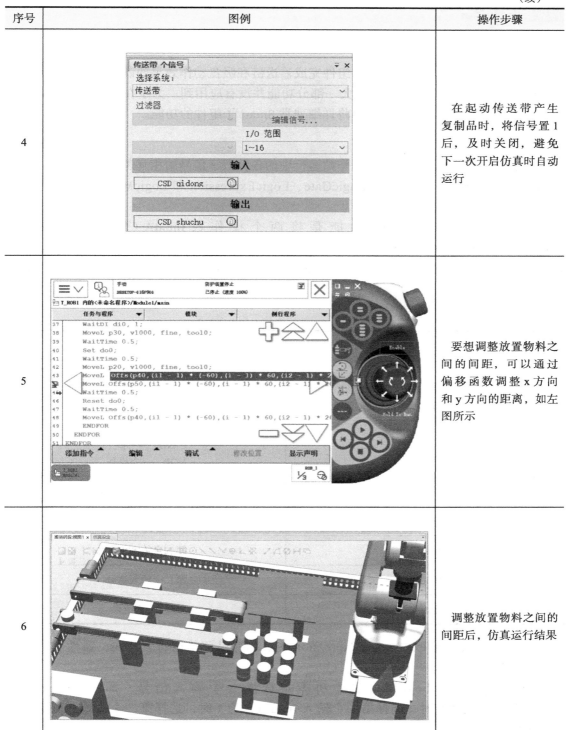	在起动传送带产生复制品时，将信号置 1 后，及时关闭，避免下一次开启仿真时自动运行
5		要想调整放置物料之间的间距，可以通过偏移函数调整 x 方向和 y 方向的距离，如左图所示
6		调整放置物料之间的间距后，仿真运行结果

项目拓展

一、Smart 组件及其子组件

前面的内容介绍了利用 Smart 组件完成输送链和吸盘动作效果的制作，但仅仅使用了 Smart 组件的一部分功能，其他很大一部分功能并没有应用到。为了在今后的仿真应用中能制作更多的仿真效果，本节内容将详细列举 Smart 子组件的功能。

1. "信号和属性"子组件

本子组件的主要功能是处理工作站运行中的各种数字信号的相互逻辑运算关系，从而达到预期的动态效果，共包括 LogicGate、LogicExpression 和 LogicMux 等 10 余种逻辑运算方式。

（1）LogicGate　LogicGate 功能是将两个操作数 InputA（Digital）和 InputB（Digital），按照操作符 Operator（String）所指定的运算方式以及 Delay（Double）所指定的输出变化延迟时间输出到 Output 所指定的运算结果中。其属性及信号说明见表 5-19。

表 5-19　LogicGate 属性及信号说明

属性	说明
Operator	所使用的逻辑运算符： AND——与 OR——或 XOR——异或 NOT——非 NOP——空操作
Delay	输出变化延迟时间
信号	说明
InputA	第一个输入信号
InputB	第二个输入信号
Output	逻辑运算结果

（2）LogicExpression　LogicExpression 主要功能是评估逻辑表达式，属性及信号说明见表 5-20。

（3）LogicMux　LogicMux 主要功能是选择一个输入信号，即按照"Selector（Digital）"设置为 0 时，选择第一个输入 InputA；为 1 时，选择第二个输入 InputB。其信号说明见表 5-21。

表 5-20　LogicExpression 属性及信号说明

属性	说明
Expression（String）	要评估的表达式 支持的逻辑运算符： AND OR NOT XOR 对于其他标志符，输入信号会自动添加
信号	说明
Result（Digital）	内容为求值的结果

表 5-21　LogicMux 信号说明

信号	说明
Selector（Digital）	设置为 0，选择第一个输入；为 1，选择第二个输入
InputA（Digital）	第一个输入
InputB（Digital）	第二个输入
Output（Digital）	结果

（4）LogicSplit　LogicSplit 主要功能是根据输入信号的状态进行输出设置和脉冲输出设置，其信号说明见表 5-22。

表 5-22　LogicSplit 信号说明

信号	说明
Input（Digital）	输入
OutputHigh（Digital）	当输入为 1 时，变成 high（1）
OutputLow（Digital）	当输入为 0 时，变成 high（1）
PulseHigh（Digital）	当输入设置为 1 时，变成 high（1），然后变成 low（0）
PulseLow（Digital）	当输入设置为 0 时，变成 high（1），然后变成 low（0）

（5）LogicSRLatch　LogicSRLatch 用于进行置位/复位设置，并具有自锁功能，其信号说明见表 5-23。

表 5-23　LogicSRLatch 信号说明

信号	说明
Set（Digital）	置位输出信号
Reset（Digital）	复位输出信号
Output（Digital）	输出
InvOutput（Digital）	输出置反

（6）Converter　Converter 用于属性值和信号值之间的转换，其属性和信号说明见表 5-24。

表 5-24　Converter 属性和信号说明

属性	说明
AnalogProperty（Double）	从 AnalogInput 到 AnalogOutput 的转换
DigitalProperty（Int32）	从 DigitalInput 转换成 DigitalOutput
BooleanProperty（Boolean）	从 DigitalInput 转换成 DigitalOutput
GroupProperty（Int32）	从 GroupInput 转换成 GroupOutput
信号	说明
DigitalInput（Digital）	转换为 DigitalProperty
AnalogInput（Analog）	转换为 AnalogProperty
GroupInput（DigitalGroup）	转换为 GroupProperty
DigitalOutput（Digital）	从 DigitalProperty 进行转换
AnalogOutput（Analog）	从 AnalogProperty 转换过来
GroupOutput（DigitalGroup）	从 GroupProperty 进行转换

（7）VectorConverter　VectorConverter 主要功能是完成 Vector3 和 X、Y、Z 之间的值转换，其属性说明见表 5-25。

表 5-25　VectorConverter 的属性说明

属性	说明
X（Double）	X 值
Y（Double）	Y 值
Z（Double）	Z 值
Vector（Vector3）	向量值

（8）Expression　Expression 用于验证数学表达式，公式计算支持 +、-、*、/、^、sin、cos、tan、asin、acos、atan、atan2、sqrt、abs、pi。数字属性将自动添加给其他标志符。运算结果显示在 Result 中，其属性说明见表 5-26。

表 5-26　Expression 的属性说明

属性	说明
Expression（String）	要计算的表达式
Result（Double）	内容为求值的结果

（9）Comparer　Comparer 功能是设置一个数字信号，输出一个属性的比较结果，属性和信号说明见表 5-27。

表 5-27 Comparer 属性和信号说明

属性	说明
ValueA（Double）	第一个值
Operator（String）	比较操作 所支持的运算操作： == != > >= < <=
ValueB（Double）	第二个值
信号	说明
Output（Digital）	如果比较的结果为真，变成 high（1）

（10）Counter　Counter 用于增加或减少属性的值，其属性和信号说明见表 5-28。

表 5-28 Counter 属性和信号说明

属性	说明
Count（Int32）	计数
信号	说明
Increase（Digital）	设置为 high（1），对计数器进行加操作
Decrease（Digital）	设置为 high（1），进行减操作
Reset（Digital）	设置为 high（1），对计数器进行复位

（11）Repeater　Repeater 用于输出指定次数的脉冲，其属性和信号说明见表 5-29。

表 5-29 Repeater 属性和信号说明

属性	说明
Count（Int32）	脉冲输出的次数
信号	说明
Execute（Digital）	设置为 high（1）时，输出设置好的脉冲次数
Output（Digital）	输出信号

（12）Timer　Timer 用于在仿真时，在指定的时间间隔输出一个数字信号，即当勾选"Repeat"时，在 Interval 指定的时间间隔重复触发脉冲。当取消勾选"Repeat"时，仅触发一个 Interval 指定的时间间隔的脉冲信号，其属性和信号说明见表 5-30。

表 5-30　Timer 属性和信号说明

属性	说明
StartTime（Double）	第一个脉冲之前的时间
Interval（Double）	脉冲宽度
Repeat（Boolean）	指定信号脉冲是重复还是单次
CurrentTime（Double）	输出当前时间
信号	说明
Active（Digital）	设置为 high（1）时，激活计时器
Reset（Digital）	设置为 high（1）时，复位当前计时
Output（Digital）	在指定的时间间隔变成 high（1），然后变成 low（0）

（13）MultiTimer　MultiTimer 用于在仿真期间特定时间内发出的数字脉冲信号，其属性和信号说明见表 5-31。

表 5-31　MultiTimer 属性和信号说明

属性	说明
Count（Int32）	信号数
CurrentTime（Double）	输出当前时间
信号	说明
Active（Digital）	设置为 high（1）时，激活计时器
Reset（Digital）	设置为 high（1）时，复位当前计时

（14）StopWatch　StopWatch 用于为仿真计时，Lap 设置为 1 时开始一个新的循环，循环时间是 LapTime 所指示的时间，当 Active 设置为 1 时才能激活计时器开始计时。其属性和信号说明见表 5-32。

表 5-32　StopWatch 属性和信号说明

属性	说明
TotalTime（Double）	输出总累计时间
LapTime（Double）	输出周期时间
AutoReset（Boolean）	在仿真开始时复位计时器
信号	说明
Active（Digital）	设置为 high（1）时，激活计时器
Reset（Digital）	设置为 high（1）时，复位计时器
Lap（Digital）	设置为 high（1）时，开始一个新的循环

2.“参数与建模”子组件

本子组件的主要功能是可以生成一些指定参数的模型。本子组件包括 ParametricBox、

ParametricCylinder 和 ParametricLine 等多种子组件。

（1）ParametricBox　ParametricBox 用于创建一个指定长度、宽度、高度的矩形体。其属性和信号说明见表 5-33。

表 5-33　ParametricBox 属性和信号说明

属性	说明
SizeX（Double）	长度
SizeY（Double）	宽度
SizeZ（Double）	高度
GeneratedPart（Part）	已生成的部件
KeepGeometry（Boolean）	设置为 false 时，放弃已生成的部件
信号	说明
Update（Digital）	设置为 high（1）时，更新已生成的部件

（2）ParametricCylinder　ParametricCylinder 用于创建一个可以指定半径 Radius 和高度 Height 的实心圆筒，其属性和信号说明见表 5-34。

表 5-34　ParametricCylinder 属性和信号说明

属性	说明
Radius（Double）	半径
Height（Double）	高度
GeneratedPart（Part）	已生成的部件
KeepGeometry（Boolean）	设置为 false 时，放弃已生成的部件
信号	说明
Update（Digital）	设置为 high（1）时，更新已生成的部件

（3）ParametricLine　ParametricLine 用于创建给定端点和长度的线段，其属性和信号说明见表 5-35。

表 5-35　ParametricLine 属性和信号说明

属性	说明
EndPoint（Vector3）	直线的结束点
Length（Double）	长度
GeneratedPart（Part）	已生成的部件
GeneratedWire（Wire）	已生成的线框
KeepGeometry（Boolean）	设置为 false 时，放弃已生成的部件
信号	说明
Update（Digital）	设置为 high（1）时，更新已生成的部件

（4）ParametricCircle　ParametricCircle 用于创建一个指定半径 Radius 的圆，其属性和信号说明见表 5-36。

表 5-36　ParametricCircle 属性和信号说明

属性	说明
Radius（Double）	半径
GeneratedPart（Part）	已生成的部件
GeneratedWire（Wire）	已生成的线框
KeepGeometry（Boolean）	设置为 false 时，放弃已生成的部件
信号	说明
Update（Digital）	设置为 high（1）时，更新已生成的部件

（5）LinearExtrusion　LinearExtrusion 用于面拉伸或沿着向量方向拉伸线段，其属性和信号说明见表 5-37。

表 5-37　LinearExtrusion 的属性和信号说明

属性	说明
SourceFace（Face）	表面进行拉伸
SourceWire（Wire）	线段进行拉伸
Projection（Vector3）	沿着向量方向进行拉伸
GeneratedPart（Part）	已生成的部件
KeepGeometry（Boolean）	设置为 false 时，放弃已生成的部件
信号	说明
Update（Digital）	设置为 high（1）时，更新已生成的部件

（6）LinearRepeater　LinearRepeater 用于表示创建图形的复制对象。源对象、创建的对象、创建对象的距离等都由参数设置，其属性说明见表 5-38。

表 5-38　LinearRepeater 的属性说明

属性	说明
Source（GraphicComponent）	要复制的对象
Offset（Vector3）	在两个复制对象之间进行空间的偏移
Distance（Double）	复制对象间的距离
Count（Int32）	复制对象要创建的数量

（7）MatrixRepeater　MatrixRepeater 用于表示在 3D 空间创建图形组件的复制对象，其属性说明见表 5-39。

表 5-39　MatrixRepeater 的属性说明

属性	说明
Source（GraphicComponent）	要复制的对象
CountX（Int32）	在 X 方向复制对象的数量
CountY（Int32）	在 Y 方向复制对象的数量
CountZ（Int32）	在 Z 方向复制对象的数量
OffsetX（Double）	在两个复制对象之间进行 X 方向的偏移
OffsetY（Double）	在两个复制对象之间进行 Y 方向的偏移
OffsetZ（Double）	在两个复制对象之间进行 Z 方向的偏移

（8）CircularRepeater　CircularRepeater 用于沿着图形组件的圆创建复制对象。其属性说明见表 5-40。

表 5-40　CircularRepeater 的属性说明

属性	说明
Source（GraphicComponent）	要复制的对象
Count（Int32）	复制对象要创建的数量
Radius（Double）	圆的半径
DeltaAngle（Double）	两复制对象之间的角度

3."传感器"子组件

"传感器"子组件主要是创建一些具有能够检测碰撞、接触及到位等信号功能的传感器。

（1）CollisionSensor　CollisionSensor 用于创建对象 1 和对象 2 间的碰撞监控的传感器。如果两个对象中任何一个没有指定，则将检测所指定的对象和整个工作站的碰撞关系。若 Active 处于激活状态且 SensorOut 有输出时，将会在 Part1 和 Part2 中指示发生或将要发生碰撞关系的部件，其属性和信号说明见表 5-41。

表 5-41　CollisionSensor 属性和信号说明

属性	说明
Object1（GraphicComponent）	第一个对象
Object2（GraphicComponent）	第二个对象，或无法监测整个工作站
NearMiss（Double）	接近碰撞设置值，或已到达碰撞临界值
Part1（Part）	第一个碰撞部件
Part2（Part）	第二个碰撞部件
CollisionType（Int32）	碰撞（2）、接近碰撞（1）或无（0）
信号	说明
Active（Digital）	设置为 high（1）时，激活传感器
SensorOut（Digital）	当有碰撞或将要碰撞时，变成 high（1）

（2）LineSensor　LineSensor 用于检测是否有任何对象和两点之间的线段相交。通过属性中给出的数据可以设置线传感器的位置、长度和粗细等，其属性和信号说明见表 5-42。

表 5-42　LineSensor 属性和信号说明

属性	说明
Start（Vector3）	起点
End（Vector3）	结束点
Radius（Double）	感应半径
SensedPart（Part）	已有的部件已靠近开始点
SensedPoint（Vector3）	包含的点是线段与接近的部件相交
信号	说明
Active（Digital）	设置为 1 时，激活传感器
SensorOut（Digital）	当对象与线段相交时，变成 high（1）

（3）PlaneSensor　PlaneSensor 用于监测对象与平面的接触情况。面传感器 PlaneSensor 通过确定原点 Origin、Axis1 和 Axis2 的 3 个坐标构建，并且在 Active 为 1 的情况下通过 SensedPart 监测和面传感器接触的物体，此时 SensorOut 也为 1。其属性和信号说明见表 5-43。

表 5-43　PlaneSensor 属性和信号说明

属性	说明
Origin（Vector3）	平面的原点
Axis1（Vector3）	平面的第一个轴
Axis2（Vector3）	平面的第二个轴
SensedPart（Part）	监测部件
信号	说明
Active（Digital）	设置为 high（1）时，激活传感器
SensorOut（Digital）	当对象与平面相交时，变成 high（1）

（4）VolumeSensor　VolumeSensor 用于检测是否有某个物体完全处于某个空间内，所设置的体积由角点、方向、长度、宽度、高度等数据设置完成。其属性和信号说明见表 5-44。

表 5-44　VolumeSensor 属性和信号说明

属性	说明
CornerPoint（Vector3）	角点
Orientation（Vector3）	方向
Length（Double）	长度
Width（Double）	宽度
Height（Double）	高度
PartialHit（Boolean）	检测仅有一部分位于体积内的对象
SensedPart（Part）	监测部件
信号	说明
Active（Digital）	若设为 high（1），将激活传感器
SensorOut（Digital）	检测到对象时，变为 high（1）

（5）PositionSensor　PositionSensor 用于表示在仿真过程中对对象位置的监测，其属性说明见表 5-45。

表 5-45　PositionSensor 属性说明

属性	说明
Object（IHasTransform）	要监控的对象
Reference（String）	坐标系统的返回值
ReferenceObject	参考对象
Position（Vector3）	位置
Orientation（Vector3）	指定对象的新方向

（6）ClosestObject　ClosestObject 用于搜索最接近参考点或其他对象的对象，其属性和信号说明见表 5-46。

表 5-46　ClosestObject 属性和信号说明

属性	说明
ReferenceObject	参考对象
ReferencePoint	参考点
RootObject	搜索对象的子对象，或在工作站中无内容可搜索
ClosestObject	接近最上层对象
ClosestPart（Part）	最接近的部件
Distance（Double）	参考对象 / 点和已知的对象之间的距离
信号	说明
Execute（Digital）	设置为 high（1）时，找最接近的对象
Executed（Digital）	当操作完成时，变成 high（1）

（7）JointSensor　JointSensor 用于在仿真期间监控机械接点值，其属性和信号说明见表 5-47。

表 5-47　JointSensor 属性和信号说明

属性	说明
Mechanism（Mechanism）	要监控的机械
信号	说明
Update（Digital）	设置为 high（1）以更新接点值

（8）GetParent　GetParent 用于获取对象的父对象，其属性说明见表 5-48。

表 5-48　GetParent 属性说明

属性	说明
Child（ProjectObject）	子对象
Parent（ProjectObject）	父级

4."动作"子组件

"动作"子组件主要是完成与动作相关的一些功能的设置，如设置夹取、放置以及创建物件复制等功能，本子组件包括 Attacher、Detacher、Source、Sink 和 Show 等 7 个功能组件。

（1）Attacher　Attacher 用于表示将子对象 Child 安装到父对象 Parent 上。如果父对象为机械装置，还必须要指定机械装置的 Flange。其属性和信号说明见表 5-49。

表 5-49　Attacher 属性和信号说明

属性	说明
Parent（ProjectObject）	安装的父对象
Flange（Int32）	机械装置或工具数据
Child（IAttachableChild）	安装对象
Mount（Boolean）	移动对象到其父对象
Offset（Vector3）	当进行安装时，位置与安装的父对象相对应
Orientation（Vector3）	当进行安装时，方向与安装的父对象相对应
信号	说明
Execute（Digital）	设置为 high（1）时，安装
Executed（Digital）	当此操作完成时，变成 high（1）

（2）Detacher　Detacher 用于拆除一个已经安装的子对象。其工作过程为：当 Execute 进行置位操作时，Detacher 会将子对象从其所安装的父对象上拆除下来。如果 KeepPosition 处于勾选状态，则子对象的位置将保持不变；如果 KeepPosition 处于未勾选状态，则子对象将回到初始位置。其属性和信号说明见表 5-50。

表 5-50　Detacher 属性和信号说明

属性	说明
Child（IAttachableChild）	已安装的对象
KeepPosition（Boolean）	如果是 false，则已安装的对象已回到原始的位置
信号	说明
Execute（Digital）	设置为 high（1）时，取消安装
Executed（Digital）	当此操作完成时，变成 high（1）

（3）Source　Source 用于创建一个图形的复制对象。在 Execute 有效，也就是置 1 的情况下，复制对象的父对象由 Parent 属性定义，而 Copy 属性则指定对所复制对象的参考。复制完成后，Executed 置位。其属性和信号说明见表 5-51。

表 5-51　Source 属性和信号说明

属性	说明
Source（GraphicComponent）	要复制的对象
Copy（GraphicComponent）	包含复制的对象
Parent	增加复制对象的位置，如果有同样的父对象，则无效
Position（Vector3）	复制对象的位置与父对象相对应
Orientation（Vector3）	复制对象的方向与父对象相对应
Transient（Boolean）	在临时仿真过程中对已创建的复制对象进行标记，防止内存错误的发生
信号	说明
Execute（Digital）	设置为 high（1）时，创建一个复制对象
Executed（Digital）	当此操作完成时，变成 high（1）

（4）Sink　Sink 用于删除图形组件。具体执行过程为：在 Execute 置为 1 的情况下，删除 Object 中所参考的对象，且删除完成后，将 Executed 置位。其属性和信号说明见表 5-52。

表 5-52　Sink 属性和信号说明

属性	说明
Object（ProjectObject）	要删除的对象
信号	说明
Execute（Digital）	设置为 high（1）时，移除对象
Executed（Digital）	当此操作完成时，变成 high（1）

（5）Show　Show 用于在画面中将指定对象显示。在 Execute 置为 1 的情况下，显示 Object 中所参考的对象，且在完成显示后，将 Executed 置位。其属性和信号说明见表 5-53。

表 5-53　Show 属性和信号说明

属性	说明
Object（ProjectObject）	显示对象
信号	说明
Execute（Digital）	设置为 high（1）时，显示对象
Executed（Digital）	当此操作完成时，变成 high（1）

（6）Hide　Hide 用于在画面中将对象隐藏。其执行过程与 Show 类似，在 Execute 置为 1 的情况下，隐藏 Object 中所参考的对象，且在完成显示后，将 Executed 置位。其属性和信号说明见表 5-54。

表 5-54　Hide 属性和信号说明

属性	说明
Object（ProjectObject）	隐藏对象
信号	说明
Execute（Digital）	设置为 high（1）时，隐藏对象
Executed（Digital）	当此操作完成时，变成 high（1）

（7）SetParent　SetParent 用于设置图形组件的父对象，其属性和信号说明见表 5-55。

表 5-55　SetParent 属性和信号说明

属性	说明
Child（GraphicComponent）	子对象
Parent（IHasGraphicComponents）	新建父对象
KeepTransform（Boolean）	保持子对象的位置和方向
信号	说明
Execute（Digital）	对 high（1）进行设置以将子对象移至新的父对象

5. "本体" 子组件

"本体" 子组件主要是设置对象的直线运动、旋转运动、位姿变化以及关节运动等，包括 LinearMover、LinearMover2、Rotator、Rotator2 和 PoseMover 等 8 种运动方式。

（1）LinearMover　LinearMover 用于将对象移动到一条直线上。在 Execute 有效的情况下，按照 Speed 所指定的速度、Direction 所指定的方向移动 Object。其属性和信号说明见表 5-56。

表 5-56　LinearMover 属性和信号说明

属性	说明
Object	移动对象
Direction（Vector3）	对象移动方向
Speed（Double）	速度
Reference（String）	已指定坐标系统的值
ReferenceObject	参考对象
信号	说明
Execute（Digital）	设置为 high（1）时，开始移动对象

（2）LinearMover2　LinearMover2 用于移动一个对象到达指定位置，其属性和信号说明见表 5-57。

表 5-57　LinearMover2 属性和信号说明

属性	说明
Object（IHasTransform）	要移动的对象
Direction（Vector3）	对象移动方向
Distance（Double）	移动对象的距离
Duration（Double）	移动的时间
Reference（String）	已指定坐标系统的值
ReferenceObjec	参考对象
信号	说明
Execute（Digital）	设置为 high（1）时，开始移动
Executed（Digital）	当移动完成后，变成 high（1）

（3）Rotator　Rotator 用于表示对象按照指定的速度绕着轴旋转。速度由 Speed 设置，通过 CenterPoint 和 Axis 设置旋转轴，并且在 Exeute 处于置位的情况下，才执行旋转运动。其属性和信号说明见表 5-58。

表 5-58　Rotator 属性和信号说明

属性	说明
Object	旋转对象
CenterPoint	点绕着对象旋转
Axis	轴围绕旋转的对象
Speed	旋转速度
Reference	已指定坐标系统的值
ReferenceObiect	参考对象
信号	说明
Execute	设置为 high（1）时，旋转对象

（4）Rotator2 Rotator2 用于表示对象绕着一个指定的轴旋转指定的角度，其属性和信号说明见表 5-59。

表 5-59 Rotator2 属性和信号说明

属性	说明
Object	旋转对象
CenterPoint	点绕着对象旋转
Axis	轴围绕旋转的对象
Angle	旋转的角度
Duration	移动的时间
Reference	已指定坐标系统的值
ReferenceObject	参考对象
信号	说明
Execute	设置为 high（1）时，开始移动
Executed	当移动完成后，变成 high（1）
Executing	移动的时候，变成 high（1）

（5）PoseMover PoseMover 用于表示运动机械装置关节到达一个已定义的姿态，通过设置 Mechanism、Pose 和 Duration 等属性来实现。其属性和信号说明见表 5-60。

表 5-60 PoseMover 属性和信号说明

属性	说明
Mechanism	移动机械装置
Pose	运动姿态
Duration	运行时间
信号	说明
Execute	设置为 high（1）时，开始移动
Pause	设置为 high（1）时，暂停移动
Cancel	设置为 high（1）时，取消移动
Executed	当移动完成后，变成 high（1）
Executing	当移动的时候，变成 high（1）

（6）JointMover JointMover 用于设置机械装置中关节运动的参数，通过设置 Mechanism、Relative 和 Duration 等属性来实现。其属性和信号说明见表 5-61。

表 5-61　JointMover 属性和信号说明

属性	说明
Mechanism	移动机械装置
Relative	关节的值与当前姿态相关
Duration	移动的时间
信号	说明
GetCurrent	设置为 high（1）时，返回当前的关节值
Execute	设置为 high（1）时，开始移动
Pause	设置为 high（1）时，暂停移动
Cancel	设置为 high（1）时，取消移动
Executed	当移动完成后，变成 high（1）
Executing	移动的时候，变成 high（1）
Paused	当移动被暂停时，变为 high（1）

（7）Positioner　Positioner 用于设置对象的位置与方向，其功能通过设置 Object、Position、Orientation、Reference 及 ReferenceObject 等属性实现。其属性和信号说明见表 5-62。

表 5-62　Positioner 属性和信号说明

属性	说明
Object	移动对象
Position	对象的位置
Orientation	指定对象的新方向
Reference	已指定坐标系统的值
ReferenceObject	参考对象
信号	说明
Execute	设置为 high（1）时，设置对象到指定位置
Executed	当操作完成时，变成 high（1）

（8）MoveAlongCurve　MoveAlongCurve 用于沿几何曲线移动对象（使用常量偏移），通过设置 Object、WirePart、Speed 和 KeepOrientation 等属性来实现。其属性和信号说明见表 5-63。

表 5-63　MoveAlongCurve 属性和信号说明

属性	说明
Object	移动对象
WirePart	包含移动沿线的部分
Speed	速度
KeepOrientation	设置为 True 时，可保持对象的方向

（续）

信号	说明
Execute	设置为 high（1）时，开始移动
Pause	设置为 high（1）时，暂停移动
Cancel	设置为 high（1）时，取消移动
Executed	当移动完成后，变成 high（1）
Executing	移动的时候，变成 high（1）
Paused	当移动被暂停时，变为 high（1）

6. "其它" 子组件

（1）Queue   Queue 用于表示对象的队列，可作为组进行操作。其属性和信号说明见表 5-64。

表 5-64　Queue 属性和信号说明

属性	说明
Back（ProjectObject）	对象进入队列
Front（ProjectObject）	第一个对象在队列中
Queue（String）	包含队列元素的唯一 ID 编号
Number Of Objects	队列中对象的数量
信号	说明
Enqueue（Digital）	添加后面的对象到队列中
Dequeue（Digital）	删除队列中前面的对象
Clear（Digital）	清空队列
Delete（Digital）	在工作站和队列中移除 Front 对象
DeleteAll（Digital）	清除队列并删除所有工作站的对象

（2）ObjectComparer   ObjectComparer 用于设置一个数字信号输出对象的比较结果，其属性和信号说明见表 5-65。

表 5-65　ObjectComparer 属性和信号说明

属性	说明
ObjectA（ProjectObject）	第一个对象
ObjectB（ProjectObject）	第二个对象
信号	说明
Output（Digital）	如果对象相等，则变成 high（1）

（3）GraphicSwitch   GraphicSwitch 用于设置双击图形在两个部件之间转换，其属性和信号说明见表 5-66。

表 5-66　GraphicSwitch 属性和信号说明

属性	说明
PartHigh（Part）	当设置为 high（1）时，为可见
PartLow（Part）	当信号为 low（0）时，为可见
信号	说明
Input（Digital）	输入
Output（Digital）	输出

（4）Highlighter　Highlighter 用于临时改变对象颜色，其属性和信号说明见表 5-67。

表 5-67　Highlighter 属性和信号说明

属性	说明
Object（GraphicComponent）	高亮显示对象
Color	高亮显示颜色
Opacity	融合对象的原始颜色（0 ～ 255）
信号	说明
Active（Digital）	设置为 high（1）时，改变颜色；设置为 low（0）时，恢复原始颜色

（5）MoveToViewpoint　MoveToViewpoint 用于切换到已经定义的视角上，其属性和信号说明见表 5-68。

表 5-68　MoveToViewpoint 属性和信号说明

属性	说明
Viewpoint（Camera）	设置要移动到的视角
Time（Double）	设置运行时间
信号	说明
Execute（Digital）	设置为 high（1）时，开始操作
Executed（Digital）	操作完成时，就变成 high（1）

（6）Logger　Logger 用于在输出窗口显示信息，其属性和信号说明见表 5-69。

表 5-69　Logger 属性和信号说明

属性	说明
Format（String）	格式字符，支持的变量如 {id：type}，类型为 d（double）、i（int）、s（string）及 o（object）
Message（String）	格式化信息
Severity	信息等级
信号	说明
Execute	设置为 high（1）时，显示信息

（7）SoundPlayer SoundPlayer 用于播放声音，其属性和信号说明见表 5-70。

表 5-70 SoundPlayer 属性和信号说明

属性	说明
SoundAsset（Asset）	播放声音的格式为 .wav
信号	属性
Execute（Digital）	设置为 high（1）时，播放声音

（8）Random Random 用于生成一个随机数，其属性和信号说明见表 5-71。

表 5-71 Random 属性和信号说明

属性	说明
Value（Double）	在最小值到最大值之间的随意一个数
Min（Double）	最小值
Max（Double）	最大值
信号	说明
Execute（Digital）	设置为 high（1）时，生成一个新的随机数
Executed（Digital）	操作完成后，就变成 high（1）

（9）StopSimulation StopSimulation 用于停止仿真，其信号说明见表 5-72。

表 5-72 StopSimulation 的信号说明

信号	说明
Execute（Digital）	设置为 high（1）时，停止仿真

（10）TraceTCP TraceTCP 用于开启 / 关闭机器人的 TCP 跟踪，其属性和信号说明见表 5-73。

表 5-73 TraceTCP 属性和信号说明

属性	说明
Robot（Mechanism）	跟踪的机器人
信号	说明
Enabled（Digital）	设置为 high（1）时，打开 TCP 跟踪
Clear（Digital）	设置为 high（1）时，清空 TCP 跟踪

（11）SimulationEvents SimulationEvents 用于仿真开始和仿真停止时发出脉冲信号，其信号说明见表 5-74。

表 5-74 SimulationEvents 的信号说明

信号	说明
SimulationStarted（Digital）	仿真开始时，发出的脉冲信号
SimulationStopped（Digital）	仿真停止时，发出的脉冲信号

（12）LightControl LightControl 用于控制光源，其属性和信号说明见表 5-75。

表 5-75 LightControl 属性和信号说明

属性	说明
Light	光源
Color	设置光线颜色
CastShadows	允许光线投射阴影
AmbientIntensity	设置光线的环境光强
DiffuseIntensity	设置光线的漫射光强
HighlightIntensity	设置光线的反射光强
SpotAngle	设置聚光灯光锥的角度
Range	设置光线的最大范围
信号	说明
Enabled	启用或禁用光源

（13）MarkupControl MarkupControl 用于控制图形标记的属性，其属性和信号说明见表 5-76。

表 5-76 MarkupControl 属性和信号说明

属性	说明
Markup（Markup）	控制标记
Text（String）	标记上的文本
Visible（Boolean）	如果标记可见，则为真
Position（Vector3）	标记箭头的位置
BackColor（Color）	标记的背景颜色
ForeColor（Color）	标记的文本颜色
FontSize（Double）	标记的文本大小
Topmost（Boolean）	若为真，则标记将不会被其他对象掩盖
信号	说明
GetValues（Digital）	设置为 1 时，更新当前标记属性值

（14）DataTable DataTable 用于存储一系列对象，其属性说明见表 5-77。

表 5-77　DataTable 属性说明

属性	说明
DataType（String）	数据类型，支持数字、文本、颜色和对象
NumItems（Int32）	列表中各项数量
SelectedIndex（Int32）	列表中当前选中项索引
SelectedItem（Double）	当前选中项的数值

（15）PaintApplicator　PaintApplicator 用于往物体某一部位涂漆，其属性和信号说明见表 5-78。

表 5-78　PaintApplicator 属性和信号说明

属性	说明
Part（Part）	待涂漆部位
Color（Color）	油漆颜色
ShowPreviewCone（Boolean）	应显示预览油漆锥时，为真
Strength（Double）	每一时间步添加的油漆量
Range（Double）	油漆锥的范围（最大距离）
Width（Double）	油漆锥底部宽
Height（Double）	油漆锥底部高
信号	说明
Enabled（Digital）	设置为"1"，以在模拟期间启用涂漆功能
Clear（Digital）	设置为"1"，清除喷漆颜色

项目评价

项目 5 评价表见表 5-79。

表 5-79　项目 5 评价表

序号	任务	考核要点	分值 / 分	评分标准	得分	备注
1	工作站构建	正确找到并添加工作台	3	正确找到并添加		
		将工业机器人正确放置在工作台并正确安装吸盘工具	3	采用"一点法"放置并正确安装工具		
		正确放置物料复制源	4	独立完成得全部分，在指导下完成得一半分		

（续）

序号	任务	考核要点	分值/分	评分标准	得分	备注
2	创建输送链 Smart 组件	设置输送链复制源	3	独立完成得全部分，在指导下完成得一半分		
		创建输送链运动属性	3	独立完成得全部分，在指导下完成得一半分		
		设置输送链到位传感器	3	独立完成得全部分，在指导下完成得一半分		
		创建"属性连结"	4	独立完成得全部分，在指导下完成得一半分		
		创建信号和连接	4	独立完成得全部分，在指导下完成得一半分		
		仿真验证	3	独立完成得全部分，在指导下完成得一半分		
3	创建吸盘 Smart 组件	设置线传感器	4	独立完成得全部分，在指导下完成得一半分		
		设置安装和拆除组件	4	独立完成得全部分，在指导下完成得一半分		
		创建"属性连结"	4	独立完成得全部分，在指导下完成得一半分		
		创建信号和连接	4	独立完成得全部分，在指导下完成得一半分		
		仿真验证	4	独立完成得全部分，在指导下完成得一半分		
4	设置工作站逻辑	创建机器人系统	3	独立完成得全部分，在指导下完成得一半分		
		添加和设置机器人输入/输出信号	4	独立完成得全部分，在指导下完成得一半分		
		设置工作站逻辑	3	独立完成得全部分，在指导下完成得一半分		
5	工作站程序编制	完成一个物料放置	5	独立完成得全部分，在指导下完成得一半分		
		完成一列物料放置	8	独立完成得全部分，在指导下完成得一半分		
		完成一层物料放置	10	独立完成得全部分，在指导下完成得一半分		
		完成所有物料放置	7	独立完成得全部分，在指导下完成得一半分		
6	安全操作	符合上机实训操作要求	10	违反上机实训要求，一次扣 5 分		

思考与练习

1. 填空题（请将正确的答案填在题中的横线上）

1）输送链末端挡板处的_____用来检测产品到位。

2）子组件_____可以进行数字信号的逻辑运算。

3）子组件_____表示在一条线上移动一个对象。

4）工作站逻辑设置本质上是根据设计逻辑建立_____与_____之间的信号连接，有时也需建立各 Smart 组件之间的信号连接。

2. 选择题（请将正确答案填入括号中）

1）具有监测对象与平面相交功能的子组件是（　　　）。

A. JointMover　　　　B. VolumeSensor　　　C. PlaneSensor　　　D. Queue

2）子组件 Source 属于（　　　）。

A. 动作　　　　　　　B. 本体　　　　　　　C. 传感器　　　　　D. 其他

3）指令"WaitDI di0，1；"的含义是（　　　）。

A. 仅在已设置 di0 输入后，继续程序执行

B. 仅在已设置 di0 输出后，继续程序执行

C. di0 输入 1s 后，继续程序执行

D. di0 输出 1s 后，继续程序执行

3. 简答题

1）在创建动态输送链和吸盘组件时，均用到了逻辑非门组件，简述逻辑非门组件的作用。

2）在示教器中，PP 移至 Main、PP 移至例行程序是什么含义，PP 指什么？

4. 练习题

1）在完成"3 阶码垛"的基础上，完成"4 阶码垛"的仿真调试。

2）完成两条动态输送链的仿真运行并实现双侧码垛。

工业机器人在线调试

学习目标

知识目标:
1. 掌握 RobotStudio 与工业机器人在线连接的方法。
2. 熟悉 RobotStudio 在线编辑工业机器人程序的步骤。

能力目标:
1. 能够使用 RobotStudio 正确连接工业机器人。
2. 能够使用 RobotStudio 在线备份工业机器人系统。
3. 能够使用 RobotStudio 在线编辑工业机器人程序。

素质目标:
1. 培养学生理论与实践相结合的能力。
2. 培养学生在线监控和故障诊断的能力。
3. 培养学生规范操作的职业素养。

项目描述

本项目是对工业机器人在线调试,通过此项目介绍仿真软件如何连接工业机器人,如何对工业机器人进行在线备份系统及编辑程序等操作。

知识学习

RobotStudio 软件与实体工业机器人在线连接,可在线修改工业机器人的相关数据,包括 RAPID 程序、信号配置、机器人参数等。在工业控制过程中,为了保证控制的稳定性和安全性,控制器一般都设置有写保护功能,未经允许不得写入信息或修改信息。

项目实施

一、使用 RobotStudio 软件与工业机器人在线连接

通过 RobotStudio 与工业机器人的连接，可用 RobotStudio 的在线功能对工业机器人进行监控、设置、编程与管理。使用 RobotStudio 软件与工业机器人在线连接的操作步骤见表 6-1。

表 6-1　使用 RobotStudio 软件与工业机器人在线连接的操作步骤

序号	图例	操作步骤
1		将网线的一端连接到计算机的网线接口，并将计算机 IP 设置为自动获取
2		网线另外一端连接机器人控制柜 X2 口

（续）

序号	图例	操作步骤
3	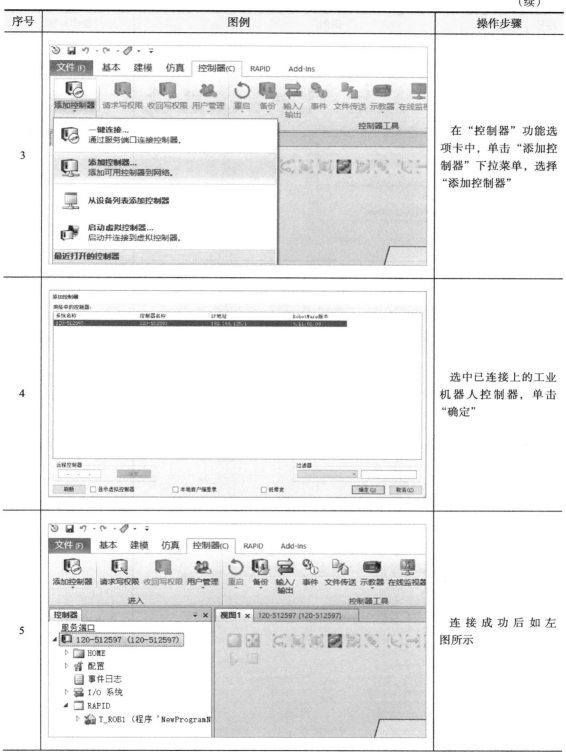	在"控制器"功能选项卡中，单击"添加控制器"下拉菜单，选择"添加控制器"
4		选中已连接上的工业机器人控制器，单击"确定"
5		连接成功后如左图所示

（续）

序号	图例	操作步骤
6	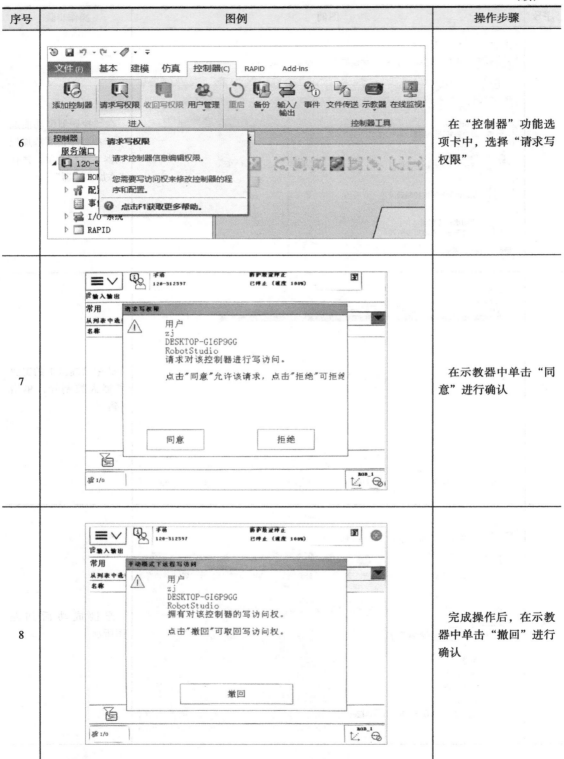	在"控制器"功能选项卡中，选择"请求写权限"
7		在示教器中单击"同意"进行确认
8		完成操作后，在示教器中单击"撤回"进行确认

二、使用 RobotStudio 软件进行系统备份与恢复

　　定期对 ABB 工业机器人的数据进行备份，是保持 ABB 工业机器人正常运行的良好习惯。ABB 工业机器人数据备份的对象是所有正在系统内存运行的 RAPID 程序和系统参数。当工业机器人系统出现错乱或者重新安装新系统以后，可以通过备份快速地把工业机器人恢复到备份时的状态。

　　使用 RobotStudio 软件进行系统备份与恢复操作步骤见表 6-2。

表 6-2　使用 RobotStudio 软件进行系统备份与恢复操作步骤

序号	图例	操作步骤
1		在"控制器"功能选项卡中，单击"备份"下拉菜单，选择"创建备份"
2		修改"备份名称"和"位置"后，单击"确定"
3		在"输出"窗口中，可以查看当前备份状态，提示"备份完成"，则操作成功

（续）

序号	图例	操作步骤
4	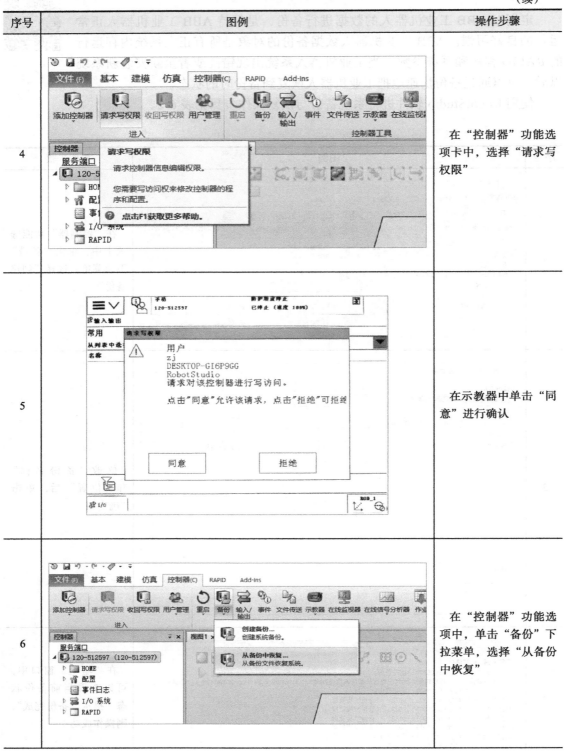	在"控制器"功能选项卡中，选择"请求写权限"
5		在示教器中单击"同意"进行确认
6		在"控制器"功能选项中，单击"备份"下拉菜单，选择"从备份中恢复"

（续）

序号	图例	操作步骤
7	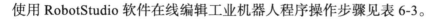	选择要恢复的备份，然后单击"确定"

三、使用 RobotStudio 软件在线编辑工业机器人程序与信号

1. 使用 RobotStudio 软件在线编辑工业机器人程序

使用 RobotStudio 软件在线编辑工业机器人程序操作步骤见表 6-3。

表 6-3　使用 RobotStudio 软件在线编辑工业机器人程序操作步骤

序号	图例	操作步骤
1	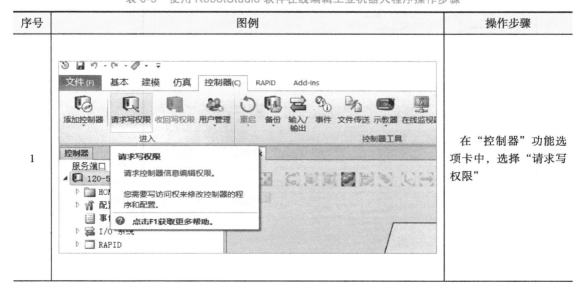	在"控制器"功能选项卡中，选择"请求写权限"

（续）

序号	图例	操作步骤
2	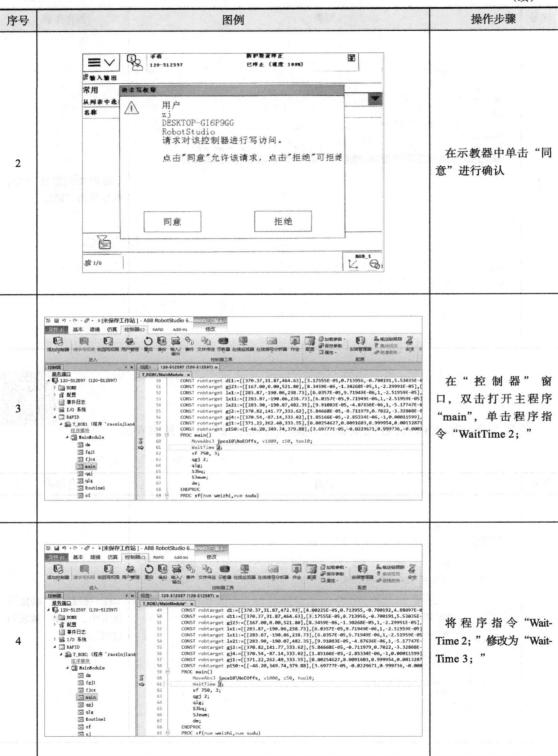	在示教器中单击"同意"进行确认
3		在"控制器"窗口，双击打开主程序"main"，单击程序指令"WaitTime 2；"
4		将程序指令"WaitTime 2；"修改为"WaitTime 3；"

（续）

序号	图例	操作步骤
5	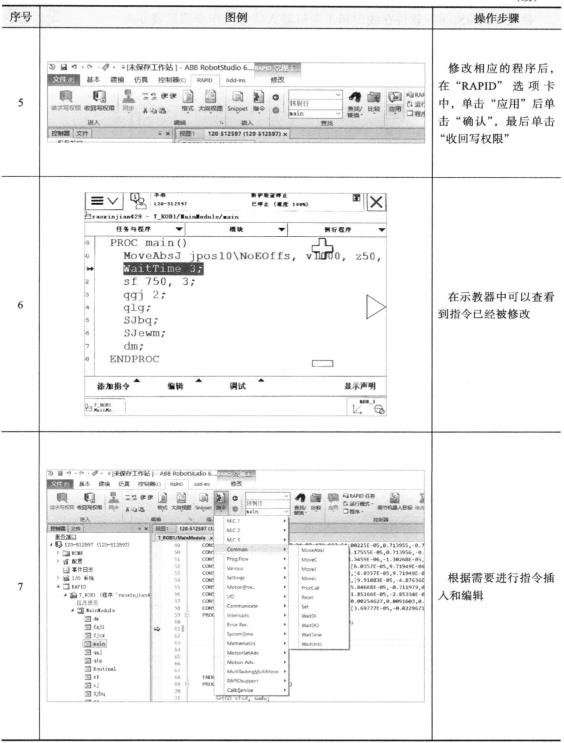	修改相应的程序后，在"RAPID"选项卡中，单击"应用"后单击"确认"，最后单击"收回写权限"
6		在示教器中可以查看到指令已经被修改
7		根据需要进行指令插入和编辑

2. 使用 RobotStudio 软件在线编辑工业机器人信号

使用 RobotStudio 软件在线编辑工业机器人信号操作步骤见表 6-4。

表 6-4　使用 RobotStudio 软件在线编辑工业机器人信号操作步骤

序号	图例	操作步骤
1		在"控制器"功能选项卡中，选择"请求写权限"
2		在示教器中单击"同意"进行确认
3		在"控制器"功能选项卡中，选择"配置"下拉菜单中的"I/O System"

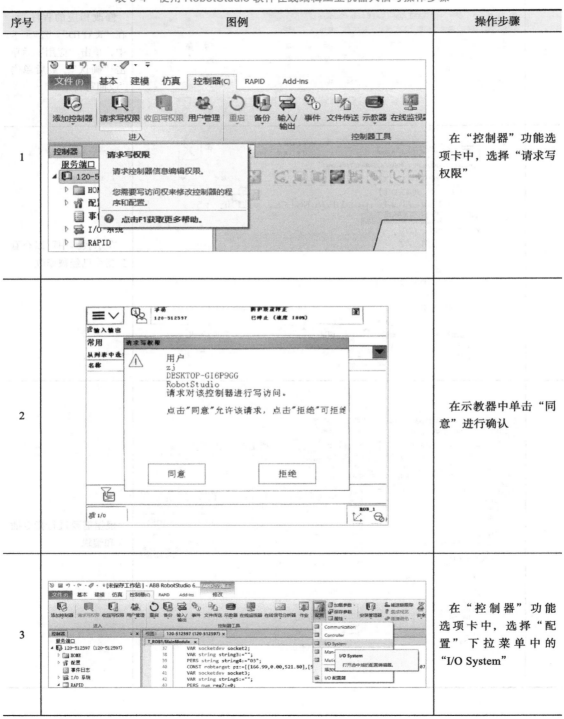

（续）

序号	图例	操作步骤
4	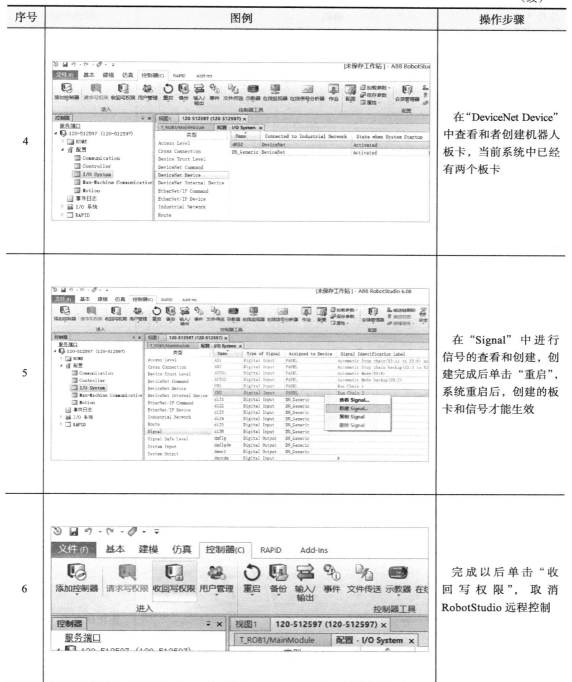	在"DeviceNet Device"中查看和者创建机器人板卡，当前系统中已经有两个板卡
5		在"Signal"中进行信号的查看和创建，创建完成后单击"重启"，系统重启后，创建的板卡和信号才能生效
6		完成以后单击"收回写权限"，取消RobotStudio远程控制

四、使用 RobotStudio 软件在线传送工业机器人系统

使用 RobotStudio 软件在线传送工业机器人系统操作步骤见表 6-5。

表 6-5　使用 RobotStudio 软件在线传送工业机器人系统操作步骤

序号	图例	操作步骤
1	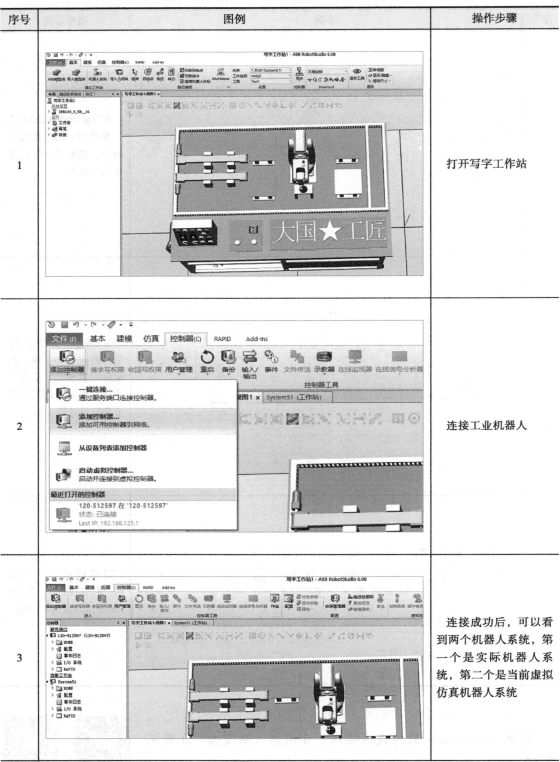	打开写字工作站
2		连接工业机器人
3		连接成功后，可以看到两个机器人系统，第一个是实际机器人系统，第二个是当前虚拟仿真机器人系统

（续）

序号	图例	操作步骤
4	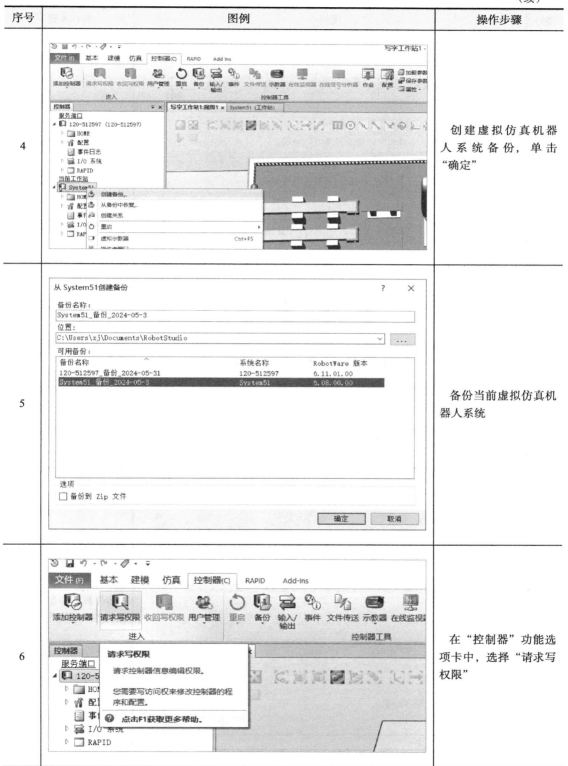	创建虚拟仿真机器人系统备份，单击"确定"
5		备份当前虚拟仿真机器人系统
6		在"控制器"功能选项卡中，选择"请求写权限"

（续）

序号	图例	操作步骤
7	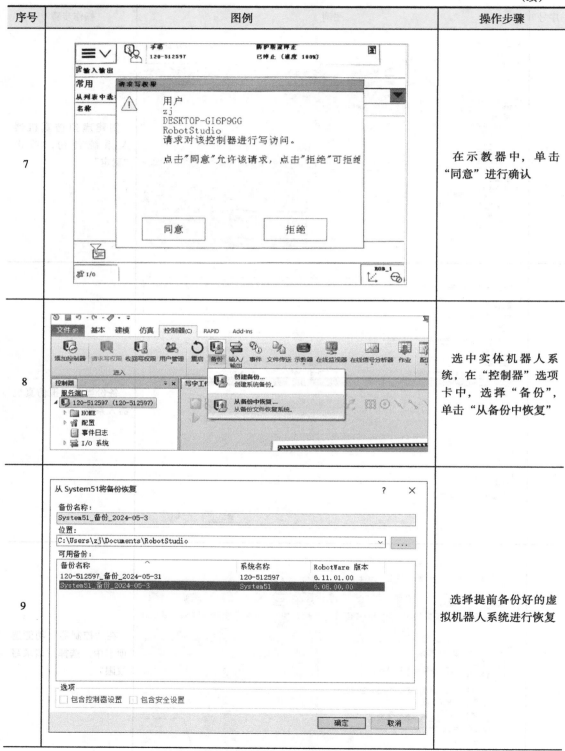	在示教器中，单击"同意"进行确认
8		选中实体机器人系统，在"控制器"选项卡中，选择"备份"，单击"从备份中恢复"
9		选择提前备份好的虚拟机器人系统进行恢复

（续）

序号	图例	操作步骤
10		在机器人上添加画笔工具，修改"画笔"工具坐标，调整工具坐标到画笔末端
11		搭建画板，运行机器人系统，查看运行效果

项目评价

项目 6 评价表见表 6-6。

表 6-6 项目 6 评价表

序号	任务	考核要点	分值 / 分	评分标准	得分	备注
1	使用 RobotStudio 与工业机器人进行连接并获取权限	1. 正确连接网线，正确设置 IP 2. 正确使用 RobotStudio 获取在线控制权限	20	独立完成得全部分，在指导下完成得一半分		
2	使用 RobotStudio 进行机器人系统备份与恢复的操作	1. 使用 RobotStudio 进行机器人系统备份的操作 2. 使用 RobotStudio 进行机器人系统恢复的操作	10	独立完成得全部分，在指导下完成得一半分		
3	使用 RobotStudio 在线编辑 RAPID 程序	1. 在线修改 RAPID 程序 2. 在线添加 RAPID 程序指令	20	独立完成得全部分，在指导下完成得一半分		
4	使用 RobotStudio 在线编辑 I/O 信号	1. 在线添加 I/O 单元 2. 在线添加 I/O 信号	20	独立完成得全部分，在指导下完成得一半分		
5	使用 RobotStudio 在线传输机器人系统	1. 在线传输虚拟机器人系统 2. 实体机器人运行虚拟机器人程序	20	独立完成得全部分，在指导下完成得一半分		
6	安全操作	符合上机实训操作要求	10	违反上机实训要求，一次扣 5 分		

思考与练习

1. **填空题**（请将正确的答案填在题中的横线上）

1）使用 RobotStudio 在线连接机器人时，将网线的一端连接到计算机的网线接口，另外一端连接控制柜_____口。

2）ABB 标准 I/O 板提供 16 路数字输入、16 路数字输出及 2 路模拟信号输出功能的是_____。

2. 简答题

1）简述在线连接机器人系统时，主要步骤有哪些？

2）实体机器人在运行写字工作站系统时，为什么要重新定义画笔工具坐标？

3. 练习题

在线传输机器人系统，实现实体机器人完成"匠"字的书写。

参考文献

[1] 叶晖，等．工业机器人工程应用虚拟仿真教程 [M]．2 版．北京：机械工业出版社，2021．

[2] 宋云艳，隋欣．工业机器人离线编程与仿真 [M]．2 版．北京：机械工业出版社，2022．

[3] 李小忠．ABB 工业机器人离线编程与虚拟仿真 [M]．北京：机械工业出版社，2023．